茶行世界

环球茶旅指南

（英）简·佩蒂格鲁　（美）布鲁斯·理查德森　主编

张　群　沈周高　蒋文倩　译

中国科学技术出版社

·北　京·

图书在版编目（CIP）数据

茶行世界：环球茶旅指南 /（英）简·佩蒂格鲁，（美）布鲁斯·理查德森主编；张群，沈周高，蒋文倩译 . -- 北京：中国科学技术出版社，2022.1
书名原文：The New Tea Companion: A Guide to Teas Throughout the World
ISBN 978-7-5046-8739-5

I. ①茶… II. ①简… ②布… ③张… ④沈… ⑤蒋… III. ①茶叶—介绍—世界 IV. ① TS272.5

中国版本图书馆 CIP 数据核字（2020）第 136549 号

本书中文简体版专有出版权经由中华版权代理有限公司授予中国科学技术出版社有限公司

著作权合同登记号：01-2021-6762

总 策 划	秦德继
策划编辑	符晓静　张敬一
责任编辑	符晓静　王晓平
封面设计	红杉林文化
正文设计	中文天地　中科星河
责任校对	吕传新
责任印制	徐　飞

出　　版	中国科学技术出版社
发　　行	中国科学技术出版社有限公司发行部
地　　址	北京市海淀区中关村南大街16号
邮　　编	100081
发行电话	010-62173865
传　　真	010-62173081
网　　址	http://www.cspbooks.com.cn

开　　本	787mm×1092mm　1/16
字　　数	230千字
印　　张	15.5
版　　次	2022年1月第1版
印　　次	2022年1月第1次印刷
印　　刷	北京博海升彩色印刷有限公司
书　　号	ISBN 978-7-5046-8739-5 / TS·103
定　　价	88.00元

目 录 Contents

01 茶的时空之旅

茶的起源 Tea's Origins in China

　　大凡爱茶之人都有一个共识：现代茶饮与古老的中国密不可分。茶与中国的渊源，最早可上溯至公元前2737年的神农时代，历史久远到已无法考证其真实性。于是，就衍生出各种故事和传说，来揭示茶的起源、早期的茶树栽培以及茶饮的发展。纵横历史长河、跨越大洲重洋，茶的时空之旅无疑是一部茶叶制作工艺史，也是茶道、茶具的变迁史。其中，仅茶的起源说就已异彩纷呈，不容错过。

　　流传最广的是"发乎神农氏"。神农氏（炎帝）是中国古代传说中农业和医药的始祖。传说，有一次神农在野外以釜锅煮水，头顶正好有一棵野生茶树，偶有叶片落下，飘入锅中。神农喝了那些水之后，顿觉生津止渴。由此，神农最早发现了茶的药用功效和烹饮后神清气爽的口感。

　　数百年来，关于茶的起源虽众说纷纭，但是无不认同喝茶具有消除困倦、提神醒脑、抗抑郁、舒畅身心的功效。中国人很早就将茶作为一种药材，不仅将茶视作助消化的良物，还把茶叶和中药放在一起制成药膏，局部涂抹以缓解皮肤不适或风湿等常见病的症状。

　　汉朝（公元前206—公元220年）茶日益盛行。后世出土的汉代漆器茶盘、茶几、漆绘茶盏和早期的陶瓷茶碗，正是这一时期茶道兴起的见证。据说，当时野生茶树树形高大。人们只能把茶树砍倒，才能采其叶片，用以烹茶。为了保证新鲜茶叶被源源不断地供应，人们开始修建茶庄和茶园，大规模地商业种植茶树。茶树的规模化栽培，加上制茶工艺的提高，保证了高质量茶叶的持续供给。汉代的茶业贸易迅速兴盛，茶商开始崛起。

公元 3 世纪末（魏晋时期），茶正式成为中国人的"国饮"。公元 332 年，张揖（在其所著的《广雅》中）第一次记录了茶的生产加工过程。他详细记载了茶树的种植和修剪、茶叶的采摘及制茶过程。公元 4—5 世纪，长江流域新建了许多茶园。时人喝茶不仅是因为它的药理功效，也因为它是一种甘冽醇醇的饮品。唐代（618—906 年）茶道大盛，并形成了一套严格的茶道礼仪，新兴的茶艺师成为皇亲国戚和达官贵人家中的新宠。

8 世纪 60 年代早期，被后世称为"茶圣"的陆羽始作《茶经》一书。陆羽是中国第一位真正意义上的茶学专家，可以说是茶道的鼻祖。他早年从养父智积禅师那里学会了茶艺之术，之后一生嗜茶，精于茶道。《茶经》是他历时 20 年躬身实践、笃行不倦的旷世之作，后来逐渐成为茶农、茶商和茶人

正在手工分拣茶叶的茶工（1801—1850 年中国水彩画所绘，大英博物馆供图）

的必备宝典。

在《茶经》一书中，陆羽系统地介绍了茶树、茶树栽培以及各种制茶工艺，还告诉读者如何择水泡茶，并梳理了不同时期的茶文化和茶俗。关于茶的功效，陆羽在书中曾引用了汉代一位皇帝的话："茗茶久服，如饮壶觞，精极至妙，能益思、悦心志，亦可通夜不眠。"

8世纪末，中国绿茶一路向西，经由中国的西藏地区和阿拉伯国家，被贩运到土耳其和喜马拉雅地区的一些部族，最后踏上连通印度和马其顿的海上丝绸之路。宋朝（960—1279年）是中国茶馆（又称茶坊、茶肆或茶楼）的始盛期。大小林立的茶馆里有说书的、玩杂耍的、唱曲的，茶馆从单纯的饮茶之所渐渐变成消遣娱乐、吟诗会友和洽谈生意的社交场所。

16世纪晚期，中国逐渐开放对外贸易，欧洲人开始从中国购买茶叶运回本国首都贩卖。此时，散装茶叶已取代茶饼和茶砖，占据了大部分市场。然而，散茶在运输途中容易被压成碎末，损耗率高，所以中国的制茶工匠

包种茶的制作工艺
（1800 年，中国水彩画所绘，大英博物馆供图）

不得不设法改良制茶工艺、改进包装技术，以确保运输安全。为此，他们创制了一种红茶的加工方法：首先，将采摘下来的茶叶进行揉捻，使叶片细胞破碎；然后，使之在自然条件下氧化（发酵）；最后，烘干，直到叶片变成黑褐色或暗红色。红茶出现以后，中国人还是以饮用绿茶为主，但是随着欧洲贸易公司茶叶的进口量越来越大，红茶快速打入了欧洲市场。

茶与中国 How the Chinese Drank Tea

公元 3 世纪之前，茶一般是药用。汉朝时，人们从野生茶树上采摘鲜叶，煎服治病。

汉朝之后的 700 年里，为了便于储存和运输，茶叶在采摘后先要进行蒸青，然后被制成各种形状的茶饼。这一时期人们饮茶时，茶饼要经过炙、碾、罗 3 道工序而被加工成粉末，再分步将其投入沸水中煎煮。煮茶时，茶汤中通常会加入葱、姜、盐、橘皮、丁香和薄荷等调味品。

宋朝的茶饼是特制的三角形，茶中添加了少许诸如茉莉、荷花和菊花之类的花草。这些花草可有效去除茶叶中原有的青气、粗气和苦涩味。点茶（抹茶）在宋代开始盛行。点茶制作需要极大的耐心和高超的技巧：将采摘下来的茶树新梢放在罐中密封数月，待叶片干燥后将其碾磨成细细的粉末。泡茶时，先注少量沸水充分搅拌，将茶粉调制起沫。因为采摘的芽叶种类不同，搅拌后的茶汤从乳白到翡翠绿，颜色不一。点茶过程最多可以添加 7 次沸水，每加水一次，茶汤都呈现出不同的色彩和口感。至此，茶不再用盐调味，转而追求真香、真味。

明朝（1368—1644 年）时尽管饼茶和砖茶依然存在，但加工简化、品饮简单的散茶开始快速发展。茶叶经采摘、干燥、捻揉或镇压后，放入密封的陶罐或漆盒中散装存放。同时，饮茶的方式也发生了变革，将茶叶放入陶瓷茶壶内，直接用沸水冲泡即可饮用。随着中国的散茶传入阿姆斯特丹、里斯本和伦敦，这种饮茶方式也传入了欧洲。

茶在中国西藏地区和蒙古的传播在史料中很难查证，但是极有可能是在公元 2—公元 3 世纪。当驼队把干燥的饼茶带到了中国西藏地区和蒙古，茶随之就成为这两个地区的日常饮品。土耳其商人在中国北方边界以物易物换取茶叶的记录，出现在 16 世纪晚期。时至今日，不管潮流如何变迁，茶在土耳其仍旧比咖啡重要得多；中国与阿拉伯国家的一般贸易始于 5—6 世纪，但中阿茶叶贸易最早的记录是在忽必烈统治蒙古之后的 13 世纪。

8 世纪，中日佛教僧侣间的文化交流促进了茶在日本的传播。相传 729 年，日本圣武天皇（Shomu）曾在奈良（Nara）的宫殿里，赐茶给 100 名僧侣。9 世纪初期，日本高僧最澄法师（Dengyo Daishi）入华求法，在他师满归国时带回了一些茶籽。他将茶籽种在寺院的花园中，精心呵护了 5 年，才采下第一批茶叶和嫩芽，并煮成茶饮进献给了嵯峨天皇（Saga）。这位天皇显然对茶情有独钟，遂下旨兴建 5 座茶园。自此，日本开始商业化种植茶树。

茶在日本逐渐成为僧侣的最爱，因为喝茶能让他们在长时间诵经、坐禅时保持清醒。9—11世纪，茶逐渐淡出日本王室生活。

1191年，日本茶史上最著名的人物——荣西禅师（Yeisai-zenji）结束了在华的禅法学习。归国时，他将临济禅宗开发的点茶冲饮方法和当时盛行的茶道、茶艺传到了日本。随着散茶冲饮成为时尚，点茶之艺在中国逐渐被淘汰。但是日本人却将之传承下来，并演变成一套复杂规范的茶艺。16世纪，日本茶道（Cha-no-yo）已在日本各社会阶层牢牢确立，直至今天在日本仍十分盛行。

茶行欧洲 Tea Reaches Europe

尽管有资料表明，中国在公元前2世纪就已经与古希腊有贸易往来，公元1世纪的汉朝还曾研究过与古罗马帝国通商的可能性，但是关于茶叶贸易却没有留下任何记录。6—7世纪，阿拉伯人垄断了中欧之间的贸易，在这期间仍没有任何关于茶的记载。1271年，马可·波罗到达中国，他的游记中同样没有提及茶。

直到1559年，意大利作家詹巴蒂斯塔·拉莫西奥（Giambattista Ramusia）的著作《航海旅行记》收录了一位名叫哈吉·穆罕默德（Hajji Mahommed）的波斯商人的见闻。这位波斯商人曾向他说起，在中国四川有一种叫"Chai Catai"的植物，当地人用它煎服治疗胃疼和痛风。尽管没有史料能证明茶当时已经传入欧洲，但自那以后，在曾到访过中国的葡萄牙传教士的游记、荷兰东印度公司当年的往来信件以及英国作家塞缪尔·帕切斯（Samuel Purchas）编纂的游记中，都留下了"茶"的"印迹"。

1606年，荷兰人将首批产自中国的茶叶，经其设在爪哇岛的万丹（Bantam）贸易基地运抵欧洲，这是欧洲人开始从东方进口茶叶的最早记录。17世纪30年代，荷兰人对这种植物产生了浓厚的兴趣。1637年，荷兰东印度公司的董事们在给巴达维亚（今雅加达）总督的信中写道："今国人饮茶之风渐盛，特望返航时，均能载数罐中国或日本茶叶，与舟同行。"

最初，运到荷兰的茶叶是放在药房销售的，后来放到殖民地特产仓库——早期的杂货店进行售卖。荷兰作家约翰·纽霍夫（Johan Nieuhof）曾随东印度公司访问中国。在北京，他觐见了顺治帝，并品尝到了中国的茶。之后，他在荷兰及其他地区为茶做了推介：

> 中国人备茶和饮茶的方式和日本人大相径庭。日本人把茶磨成末放在杯中用热水冲泡，之后他们会把茶末和水一起喝下去。而中国人把整片的茶叶放入沸腾的茶壶中冲泡，然后趁热小口啜饮。他们不吃叶片，只饮茶水，从中汲取茶叶的精华。

纽霍夫也介绍了清朝人是如何备茶的：

> 他们取半把"茶叶"（Thea，Cha）放进适量的水中煮沸，当水煎至只余2/3的量时，加入1/4的热牛奶，再加少许盐，然后趁热品饮。

17世纪中叶，茶在欧洲上流社会越来越受欢迎，价格十分昂贵。荷兰人开始把他们从中国进口的茶叶，转而出口到葡萄牙、德国和法国以赚取利润。

1648年，法国巴黎的一位医生声称茶是"当代最没意义的新发现"，但剧作家拉辛每天饮用大量的茶，马萨林喝茶治疗风湿，法国作家赛维尼夫人在1684年给女儿的信中，也提到喝茶时应加奶加糖。17世纪后期，茶曾一度成为法国最时尚的饮品，但是它的地位很快被咖啡取代，而且自那以后再也没能恢复往日的盛况。

茶在德国最初是作为药饮。跟法国相似，茶并没有取得德国人的长期青睐。唯一的例外是，在德国北部——今天被称为东弗里西亚的地方，茶在那儿持续盛行了300多年。

在葡萄牙，茶最早是王室和上层贵族才能享受的奢侈饮品。布拉甘扎王朝的凯瑟琳公主就是在那里爱上了茶。1662年，当她远嫁给英格兰的查理二世时，她的陪嫁之物除了孟买的岛屿所有权，还有一小箱精制的茶叶。

布拉甘扎王朝的凯瑟琳公主——查理二世的王后，也是茶早期的拥趸

茶在俄国 Tea in Russia

茶最早于1638年传入俄国，当时的蒙古首领阿勒塔汗（Altyun-Khan）把茶作为礼品赠送给了俄国沙皇阿列克谢·米哈伊洛维奇（Tsar Aleksey Mikhaylovich）。1689年，《中俄尼布楚条约》（*Treaty of Nerchinsk*）的签订标志着两国开始直接互市，其中就包括茶叶贸易。起初，茶在俄国仅是上流人士的奢侈饮品。随着茶叶进口量的增加和市场价格的下跌，其他社会阶层也开始接触到茶这种饮品，并逐步形成了自己的煮茶与品饮方式。

直到18世纪晚期，中国的茶叶都是由骆驼商队沿着中俄"万里茶道"

1904年间,俄国陆路茶叶公司广告图片(该公司客户包括当时的沙皇尼古拉二世)

(the Great Road)销往俄国市场的。这条横跨亚欧大陆的"万里茶道"东起长城关外的喀什,穿越茫茫戈壁沙漠,一直延伸到蒙古国的库伦(今乌兰巴托)。在边境线上的厄斯克·卡亚克塔(今天的恰克图一带),商队对茶叶进行质量检验,再用纸或铝箔分包,之后放入竹箱(篓),装上雪橇或马车。由此出发,中国的茶叶便在俄国境内踏上了艰辛的运输旅程,全程需耗时16~18个月。

俄国商队茶(Russian Caravan Tea)有着淡淡的烟熏气息,据说是因为在运输途中,商队会在夜晚点燃篝火取暖休息,导致茶叶沾染了烟味。事实上,这种经长途跋涉运送到圣彼得堡的红茶,在生产加工时就有了松烟味。中国茶工在制茶时,用刚砍下来的松枝生火、烘干茶叶,松木燃烧的松烟弥漫在整个烘房内,茶叶吸收了松烟,便留存了浓郁的松木熏香。

随着俄国人对茶叶的需求不断增加,茶叶在俄国的年消费量超过了6000头骆驼的承载量。但由于运输成本过高,俄国的茶叶商被迫退出市场,而英国和德国的商人则迅速填补了这一空白。1903年,西伯利亚大铁路(Trans-Siberian Railway)的开通使中国商品的出口从陆路比海路更便捷,来自东方的货物仅需一周多的时间,就可运达欧洲的莫斯科、巴黎和柏林。

1625 年，塞缪尔·帕切斯——一位英国游记编纂者在他的《珀切斯朝圣者书》（*Purchas His Pilgrims*）中记载："中国人用一种叫作'茶'（chia）的植物粉末制作饮料，取一胡桃壳之量，置于瓷器中以热水泡饮。"

1637 年，来自康沃尔的旅行家彼得·孟迪（Peter Mundy）在他的《1608—1667 年彼得·孟迪欧亚游记》（*The Travels of Peter Mundy in Europe and Asian 1608-1667*）中记载道，"中国福建人给我们喝了一种叫'茶'（Chaa）的饮料，就是加了某种植物叶片煮过的水。"

1657 年，汤姆斯·卡洛韦（Thomas Garraway）开始在他位于伦敦交易所的商店售卖茶叶。茶，在当时虽然已经不是一种全然未知的饮料，但是卡洛韦还是意识到了广告的必要性，遂于 1660 年推出了名为《茶树种植、茶叶质量和品质》（*An Exact Description of the Growth*，*Quality and Vertes of the Leaf Tea*）的整版广告。这则著名的广告介绍了茶叶的产地、制作工序及保健功效。其中，列举了 14 条喝茶的益处：消除头痛，利尿，美颜，改善记忆力，以及缓解呼吸困难、感染、嗜睡、失眠、流涕、流泪、疼痛、发热感冒、水肿和维生素 C 缺乏病。

但是，作为来自东方的稀有奢侈品，茶叶本就价格不菲，再加上政府高额征税，使其售价更高。因此，卡洛韦的客源起初极少，只是偶有王公贵族光临买走 0.5 磅（1 磅 =0.454 千克）或更少的茶叶。当时，伦敦的茶叶价格为每磅 16 ~ 60 先令（当时，1.5 ~ 5.9 美元），同期管家和侍者等男仆的平均年薪仅为 2 ~ 6 英镑（当时，3 ~ 9 美元）。那时，只有王公贵胄、上层有钱人和高收入的公务人员才喝得起茶。

其实，茶最早并不是由英国本土商人引入本国的，而是在17世纪50年代，由荷兰东印度公司率先将茶叶带到了伦敦。直到1669年，英国东印度公司才第一次购置了143磅的茶叶。由于价格昂贵，茶叶在英国的消费量一直很低。当英国东印度公司从海上运来大批茶叶时，伦敦茶叶市场一度出现了供大于求、茶叶过剩的现象。18世纪前，伦敦市场的茶叶价格一直居高不下，因为英国政府对东印度公司进口的茶叶征收高达14%的赋税，并对消费者加征每磅5先令左右的茶叶购置税。

1662年，葡萄牙布拉甘扎王朝（Braganza）的公主凯瑟琳嫁给了英国国王查理二世。她的到来，悄然推动了茶在英国的传播。葡萄牙是最早将茶引入欧洲的国家之一，凯瑟琳公主从小就把茶作为日常饮料，并酷爱品茗。到了英国，凯瑟琳在宫中接待客人时，会从陪嫁的华贵小箱中取出茶叶，为客人冲泡茶饮。从此，以茶会客在英国上流社会蔚然成风。上流社会的小姐太太们通常在她们紧邻卧室的私人会客室，与友人饮茶叙话；而男士们则约上同僚、好友去咖啡馆品香茶、喝咖啡、饮热巧克力以及各种酒精类饮料。

因为价格高昂，从传入英国的那天起，茶就与富丽堂皇的宅邸、豪华的宫殿、昂贵的陈设、精致的织物和餐具以及时尚的生活融为一体。上流社会的家庭陈列着精美的瓷器、银质的餐具和进口的昂贵茶几，来显示他们高雅的情趣、显赫的社会地位和雄厚的财力；在一些气势恢宏的庄园府邸，会客厅的置物架上摆放着从中国进口的陶瓷茶叶罐、泡茶用的陶制和瓷制小茶壶，以及品茶所需的茶盏、茶碟。

在位于里士满附近萨里的汉姆屋（Ham House）里，为了招待经常到访的凯瑟琳王后，劳得戴尔公爵夫人准备的茶具一应俱全：一张来自爪哇岛的精美木制茶几，特意垫高了桌腿，以让好友获得完美的品茶体验；一个印度造的银炉，用来烧水泡茶；一个盛放茶叶的东方漆盒以及若干精致的陶瓷壶盏。在德文郡的索尔全姆别墅（Saltram House），齐本德尔中式风格的卧室里张贴着中国风手绘壁纸，壁纸上描绘着茶叶加工的各个阶段。

随着富人们消费越来越多的绿茶和红茶，平民阶层也尝到了饮茶的乐

1668 年，伦敦一间
咖啡屋的内部场景
（大英博物馆供图）

趣。为了迎合市场需求，黑市上开始盛行茶叶走私和非法经销。当时，荷兰
和法国的茶叶税率低，所以其茶叶价格远低于英国。这导致一向守礼知节的
英国人，包括牧师和官员在内的各行从业者，都开始偷偷藏匿、储存、购买
和售卖从荷兰、法国等国非法进口的茶叶。

　　为了获取高额的利润，唯利是图的商人还往茶叶里掺入其他的植物叶
片，甚至回收喝过的残茶，然后放入绿矾、羊粪和糖浆混合的液体中染色，
取出晾干后，再销售。为了杜绝走私和造假，政府对茶叶走私商和售卖"斯
莫奇"（smouch）掺假茶的不法商人处以 100 英镑的罚金。1730 年，政府制
定的处罚更加严厉，每走私或造假 1 磅茶叶的罚金就达 10 英镑。通常来说，
绿茶更容易造假。因此，人们转而消费因不易造假而更安全的红茶。这或许
是英国人偏爱红茶的起因。

　　18 世纪中期，茶已经成为英国各阶层的首选饮品。早餐桌上的麦芽酒和
啤酒被一杯香茗取代；在宫廷、城堡和庄园府邸里，人们以茶会友；主食之
后，人们喝茶消食解腻；工作间隙，人们喝茶提神解乏；另外，茶点还是仆
人薪资待遇的组成部分。在伦敦，休闲娱乐园（pleasure gardens）的门票会

附赠一杯茶，小酒馆、客栈也为旅客供应茶水。

饮茶习俗在英国各地蔚然成风，人们在家里品茶，也在工作场所喝茶。在上流社会、贵族之家，泡茶和茶事已成为雅致生活的一部分。在乡村庄园，曾经用来会客的花园、庭院和亭阁，不再仅是正餐之后享用甜点的地方，而成了饭后品茗的好去处。正餐结束后，聚会的人会穿过花园，漫步于橘园、茶室、小城堡、乡村小屋以及"茶寮"（temple）等有茶水供应的地方。

在白金汉郡的克里夫登、奥克尼勋爵经常会请他的客人们在八角庙（Octagon Temple）中闲坐品茶。八角庙是一个建造在崖边的两层建筑，从那里可以俯瞰泰晤士河。这座迷人的小楼是由威尼斯建筑师贾科莫·莱奥尼设计的，一楼有一个被称为"石窟"（the grotto）的小房间，是存放茶具的地方；二楼的望远阁，是客人们喝茶观景的地方。在德文郡的索尔全姆别墅，则有一座"城堡"（the Castle），是访客观景、品茗的绝佳之所。

一直到19世纪早期，英国所有的茶叶都是从中国进口，由英国东印度公司专船运输。大量进口中国商品导致英国对华贸易逆差逐年增大，为打破贸易逆差，英国东印度公司在英属的印度阿萨姆邦种植鸦片，并倾销到中国。鸦片作为一种非法毒品，当时在中国泛滥成灾，鸦片贸易更加剧了两国冲突。

1839年，中英两国矛盾进一步激化，愤怒的中国皇帝下令在海滩上销毁2万箱鸦片，好让潮水把残渣冲刷干净。同年，英国对华宣战，作为反击，中国皇帝下令禁止对英国出口茶叶。

英国于18世纪晚期在阿萨姆邦的丛林中发现了茶树，并在短短数十年后就开始了人工栽培。英国在这一地区建起了茶园，并在1839年的

1750年，斯塔福德郡陶瓷茶壶
注：Bohea在当时指一种中国下品红茶；Bohea一词源自中国福建"武夷"的方言发音，后逐渐成为茶的常用别名。

伦敦茶叶拍卖会上，售出了第一批自己种植的阿萨姆（Assam）茶。19 世纪 50 年代，大吉岭和尼尔吉里的丘陵茶园也开始投入种植，19 世纪 60 年代，茶叶种植区域更是扩大到了特莱和杜阿尔斯。

19 世纪 60 年代后期，英国在锡兰殖民地（今斯里兰卡），建成了第一座茶叶种植园。1900 年，约 38 万英亩（合 15.5 万公顷）的土地都种上了茶树。随着英属殖民地栽植的茶被大量运到英国，从中国进口的茶叶数量越来越少，茶叶的价格随之降低。直到此时，茶在英国才真正成为大众饮品。

印度和锡兰出产的茶叶，让英国人购茶更便捷，由此也推动了茶叶在其国内的消费。实际上，早在 19 世纪 40—60 年代早期出现的快速飞剪船，已经在茶叶贸易史上发挥了重要作用，因为它们大大缩短了从中国港口发船抵达目的港的航行时间。"飞剪船"（clipper）一词可能起源于马术术语"快速前进"，这个词最早使用于 19 世纪 40 年代中期，用来描述美国设计的船只航行轻快。最初，几乎所有的快船都可以被称为"飞剪船"，后逐渐用以特指运咖啡的船、加利福尼亚船、运茶的船和中国飞剪船等各种专门用途的货轮。

飞剪船轻盈美观，为速度而生。当传统的货船时速还不到 5 节的时候，

1900 年，成箱的立顿红茶被装上货车，拉往斯里兰卡首都科伦坡的拍卖场

飞剪船时速已高达 18 节。1845 年，美国飞剪船"巴尔的摩号"更是在仅 8 个月内，就完成了从纽约到中国的往返航程。英国人很快就意识到他们需要自己的快船与之抗衡。于是 1850 年，"斯托诺韦号"在阿伯丁郡下水启航了。飞剪船竞速赛成为一年一度的狂欢节，谁第一个将茶叶运抵伦敦，谁就能按照承诺的高价售出运来的茶叶。一些经纪人日夜驻守在伦敦码头，随时准备着从新运达的茶叶中挑选出品质最好的，并为之竞价。

1866 年，40 艘船参与了历史上最著名的飞剪船比赛。其中，3 艘——"太平号"（Taiping）"瞪羚号"（Ariel）和"绒金龟号"（Serica）齐头并进，几乎同步穿过印度洋。最终，在从珠江启航的第 99 天后，"太平号"和"瞪羚号"以仅 20 分钟的时间差距先后抵达伦敦港，"绒金龟号"也在几个小时后抵达。1871 年的最后一场飞剪船大赛轰动了英国，那时苏伊士运河已经通航，飞剪船也被新兴的蒸汽机船迅速取代。

尽管 19 世纪初期，英国人对茶的需求量在不断增加，但当时还没有出现今天为人们所熟知的正式"下午茶"。人们通常认为，这个时至今日已家喻户晓的风俗——"下午茶"，于 19 世纪 40 年代被贝德福德第七任公爵夫人——安娜·玛丽亚所发明。但事实上，她并没有创立一种新餐，而只是依据进餐时间，重新命名了一种正在演化中的社交活动。

17 世纪，英国人的正餐是从中午开席的，并且会一直持续 4~5 小时。之后，人们会在客厅中饮茶，并佐以面包薄片和黄油。随着时间推移，正餐上桌的时间变得越来越晚，到了 18 世纪中期，英国人的正餐已经被推迟到了下午 3 点左右乃至傍晚。所以中午就多了一份简餐，被称作 luncheon、nuncheon 或者 noonshine。

到了 1800 年，已经有家庭把正餐放到了晚上七点半、八点甚至八点半，这样一来，下午不能进食的时间就特别漫长。因此，人们逐渐想出了一个主意：在下午四五点钟喝上一杯茶，并随意享用一些香甜可口的小点心来垫垫肚子。人们都说安娜·玛丽亚是第一个喝"下午茶"（afternoon tea）的人，这只不过是因为有一封信提及她曾在 19 世纪 30 年代末和 40 年代初，邀请过朋友参加小型茶会。事实上，很多人都发现了下午茶的惬意之处，她只是其

乔治三世和卡罗琳
王后时期的皇家茶
具，被置放在伦敦
郊外邱宫三楼会客
室里，静待主人的
下午茶时光

中的一位。

　　下午茶从一种上流社会的时尚慢慢地风靡全国。19 世纪 60 年代晚期，
每本烹饪书和家庭生活管理手册中，都会详细介绍该如何举办一场下午茶
会、应该准备什么食物、用人有哪些职责、家具应该如何摆放、主人该穿什
么衣服、安排什么样的娱乐活动、托盘应该如何摆放、应该站在哪里迎接客
人以及客人应该何时到达、何时离开。

　　在整个英国，不管是在城中豪宅还是在郊区庄园，都会定期举办下午茶
会，并且常常围绕一些特定主题进行，如过生日、举办婚礼、观看流行体育
赛事，抑或是迎接王室成员到访。在白金汉郡的沃兹登庄园，罗斯柴尔德家
族就曾在自家的花园中，用茶热情款待过威尔士王子和公主。在全国各地的
豪宅中，中式壁橱里存放着不同款式的成套茶具，每套茶具都配备足以招待
至少 12 位客人的茶盘、茶盏和茶碟。

摄政时期，英国和美国的贵族府邸公用休息室里常见的茶叶盒Caddy
注：19世纪早期茶叶价格昂贵，府邸主人通常把茶叶锁在盒内防盗；Caddy一词来自马来语kati，用以计量1.33磅茶叶。

  与优雅精致的下午茶不同，"高茶"（high tea）是一种工人阶级的晚餐，是由工业革命促成的另类下午茶。它是为欢迎在工厂、矿场和车间里长时间工作后回家的工人们而准备的一顿丰盛的晚餐，并会配上一壶令人心旷神怡的浓茶补充能量，工人们通常会在傍晚五点半到六点享用这顿茶点。如果说下午茶的意义在于闲侃轻聊、细啜慢饮和炫耀时尚，那么高茶则是为了补充工人们在长达10～12小时艰苦的体力劳动中燃烧的全部卡路里；下午茶是与客人们一起坐在客厅或花园里低矮舒适的扶手椅或者沙发上共享的，而高茶则是围坐在厨房或餐厅餐桌旁的高背椅上与家人共进的。

  在18世纪伦敦的休闲娱乐园里，喝茶已成为人们的娱乐必备。但是随着城市的扩容，需要铺设更多的道路、建造更多的房屋，休闲娱乐园逐渐都被关闭了。在那个时候，下午茶已经成为英国人社会生活中不可或缺的一部分，但确实再也没有外出悠闲喝茶的地方了。直到19世纪70—80年代，最早在格拉斯哥，然后是伦敦和一些省城里逐步兴起的茶室（茶馆），才彻底改变了这个状况。

斯图亚特·戈兰斯顿和他的姐姐凯特是苏格兰第一批开茶室的人。在伦敦，充气面包公司（Aerated Bread Company，ABC）的伦敦桥面包房，于1884年售出了他们的第一批茶水。其他公司的茶室也迅速地在市区成功开张。在广袤的农村，乡间花园改成了露天茶苑，乡下的农妇、村姑和家里的女眷匆匆往返，给日间饥渴的游客、自行车手和徒步者带去自家泡的茶、自制司康饼、小饼干和各种烤点。

爱德华时期，旅游和时尚生活一时之间成为新风向，一些高端奢华酒店开始提供前所未有的舒适和服务。每家酒店都设有茶吧或者种着棕榈树的中庭，每天下午4点，伴随着悠扬的弦乐四重奏或者三重奏，茶吧开始营业。这一时期，喝茶和舞会奇妙地融为一体，成为人们每日必备的下午活动。

人们在家里通常伴着音乐享用下午茶，有时还会在室内地毯上翩翩起舞。1910年，探戈从阿根廷传入英国，其暧昧的舞步、撩人的舞姿让人心神俱振、兴奋不已。到了1913年，伦敦遍地都是探戈俱乐部和培训班，人们开始涌向酒店、剧院和饭店的探戈茶会。

两次世界大战以及19世纪50年代美式快餐店和咖啡馆的冲击引发了英国的社会转型。受其影响，茶馆逐渐从街面上消失。尽管茶依旧是英国人家中的日常饮品，但外出喝茶或者参加茶会的早期风尚慢慢降温，茶在社会生活中的作用已不再那么突出。再后来，随着新式美国快餐和袋泡茶的引入，大多数茶室都关门歇业了，一些快餐店已经忘记了如何给客人沏上一壶好茶。

19世纪80年代，人们对茶的兴趣又开始回暖，新开张了一些茶

维多利亚时代位于伦敦民辛巷的大英茶叶公司，时为英国最大茶叶包装公司

伦敦朗厄姆（Longham）酒店的下午茶

馆，出版了一批相关的新书，伦敦一些酒店周末的下午茶舞会吸引着众多热切的客人。这一切都表明，很多人已经厌倦了自助餐饮服务、快餐店、浮躁的塑料餐桌、油腻的食物和煮得很糟糕的茶。

此后，很多新茶室在英国各地陆续开张，酒店也大大改善了下午茶的服务质量，茶点单上不再有方便茶包，而是提供了优质散茶，三层点心塔上摆放着精致的三明治、自制司康饼和精美的糕点。喜欢在家中品茗的人，也可以在精品店、百货商店、超市或网店买到各种优质的散茶。随着媒体对茶叶的报道越来越多，人们对茶叶品质和品种的兴趣越来越浓。茶，再次受到众多眼光独到者的青睐。

茶在北美的传播 Tea in North America

17 世纪末至 18 世纪，当来自欧洲的移民向新大陆启航时，他们随身携带的重要物品中就包括了茶具。1647 年，荷兰人皮特·斯泰弗森特（Peter Stuyvesant）最早把茶叶带到了他们新开辟的北美殖民地——新阿姆斯特丹。1674 年，当英国人接管这片土地，并将其更名为纽约时，饮茶之风就已在此确立，茶已成为人们生活中不可或缺的一部分。当时的纽约缺少优质饮用水源，于是在曼哈顿下城区开挖了一些"茶井"，用特殊的水泵汲水煮茶。在英国，有咖啡馆和露天茶苑这些热门品饮场所，而纽约人有自己的"沃克斯豪尔花园"和"拉内拉园"与之媲美。

在北美，殖民者按照各自的生活方式形成了不同的饮茶风格。上流家庭用高档瓷器泡茶，用欧洲产或中国造的精美杯盏品茶；而乡下平民则在炉灶上用水壶烧水，取散茶放进简陋的陶质茶壶里冲泡饮用。波士顿和塞伦两地的茶叶贸易直到 17 世纪 90 年代才建立起来，但 1670 年，这两地的居民已经知晓了茶的存在。18 世纪 20—30 年代，随着茶饮进入波士顿、纽约和费城的咖啡馆，茶在北美殖民地盛行开来。

饮茶习惯与良好的家庭教养及出身背景密切相关。因此，波士顿、费城和查尔斯顿这些最早发展的殖民城市，最先完善了茶水服务和完美的用茶礼仪。这时的茶叶依然价格昂贵，基本上只是上层社会的奢侈品。像在英国一样，富裕的殖民家庭热衷于精美的中国瓷器和欧美手工银器饰品、豪华的餐饮器具。像保罗·里维尔这样的银匠，便一直忙于制作与伦敦和巴斯最上层家庭一样的精巧的茶壶、叉茶勺和小茶勺。

在殖民时期，纽约、波士顿、费城这些海港城市成为贸易中心，此时，茶叶和茶具在英美贸易货单中所占的比重不断上升。然而，因为英国征收的茶叶税过高，殖民地开始从欧洲其他国家走私茶叶。这导致英国政府每年在殖民地，因茶叶黑市交易损失的税收和在国内损失的一样多。殖民地每年的茶叶消费总量超过 100 万磅。其中，仅有 1/4 是由英国东印度公司（殖民地唯一官方特许供茶渠道）进口，其余的都是走私茶。1767 年，英国政府出台临时方案用以扭转这种局面。方案规定，英国本土商人如果出口茶叶到殖民地，可申请退税。于是，从英国进口来的茶叶价格下跌。同年，英国东印度公司进口到美国的茶叶超过 50 万磅；第二年，达到了 90 万磅。

胜利是短暂的。在经历了对法国和印第安人的战争，并获得了北美的统治权后，英国政府急切需要增加资金储备来支付军费。为此，英国拟对进口到殖民地的所有商品增收印花税。这导致英国货物遭到抵制，并且引发了大规模的骚乱。为维持驻扎在北美殖民地的英国士兵和公务员的日常开支，英国政府又通过法案，对每磅茶叶征收 3 便士的直接税，这个不合理的法案点燃了北美殖民地的怒火。由于英国东印度公司当时依然垄断着茶叶贸易，茶叶税无可避免，导致英国出口到北美的茶叶总量锐减，1769 年降到 22.6156 万磅，到 1770 年只有 10.8629 万磅。与此同时，茶叶走私再度兴起。

1773 年 2 月，英国东印度公司的董事会向英国政府请求许可，把积压的茶叶倾销至北美。结果，英国政府通过了极度缺乏远见的《茶税法》（*Tea*

Act），允许英国东印度公司派出 7 艘船，带着 60 万磅茶叶横跨大西洋，运至殖民地四大港口城市：波士顿、纽约、费城和查尔斯顿。第一艘船的启航时间是 1773 年 9 月 27 日。

1773 年 10 月 18 日，《波士顿公报》（Boston Gazette）发布报道，称茶叶正在运来，并敦促读者们"制止这种有害的毒品"，要么把茶还给英国，要么把它们毁掉。几周内，一场大规模抵制活动就横扫了东海岸的各大城市，部分活动是由那些茶叶生意受到威胁的走私者组织的。

在纽约和费城，运茶的商船被迫返航。在查尔斯顿，海关官员扣押了船上的货物，最终这批货腐烂在海关的地窖里。在波士顿，圣诞节之前几周第一艘运茶的货船抵达，当地即刻发生了起义。

1773 年 11 月 28 日，"达特茅斯号"（Dartmouth）带着 114 箱茶抵达波士顿。塞缪尔·亚当斯（Samuel Adams）下令让这艘船停靠在格里芬港，运来的茶叶在那里被登记看管起来。因为当地的动乱不断激化，这艘船被迫在那里停留了 20 天。"达特茅斯号"抵达后的第八天，"埃莉诺号"驶入港口，而"海狸号"则在 12 月 15 日靠岸。"威廉姆号"遭遇冬季大风，在科德角搁浅，船上的茶叶被没收，其中大部分被销毁。

1773 年 12 月 16 日，波士顿港湾停留的 3 艘商船上装载的 340 多箱中国红茶和绿茶被人们用斧头劈开，倒进海水中

　　1773 年 12 月 16 日夜间，近 2500 名波士顿市民在旧南会议大楼集会，商讨如何处理停靠在波士顿港的 3 艘船上的茶叶。在"波士顿港今晚要成为茶壶"和"莫霍克人来啦"的高呼声中，一群人装扮成美洲土著登上了这 3 艘船。3 小时内，产自中国的 342 箱红茶和绿茶被人们用绳索从货舱拉出来，用手斧劈开，倒进波士顿港的海水中。目击者称茶叶就像干草一样堆积在水面上，一些抗议者划着小船到那里去，把成堆的茶叶推进波士顿港退潮的海水中。这一反抗运动在 50 年后被称为波士顿倾茶事件（Boston Tea Party）。

　　作为回击，英国国王乔治三世下令关闭该港口，英军出兵控制了这座城市。就这样，1773 年英国政府出台《茶税法》这一重大决策失误，引燃了独立战争的导火索，并最终导致自己失去了美洲殖民地。

　　为了响应波士顿的起义，一些激进分子号召人们"把手边的武夷茶和熙春茶，还有那些被征收新税的东西都扔到一边去"，而波士顿的女性也宣称她们已经戒茶：

　　　　再见了，茶盘与华服
　　　　精美的杯盏曾令我内心欢呼
　　　　如今我要告别茶夹与茶壶
　　　　你带来的欢乐已一去不复

　　许多被殖民者并没有放弃他们最爱的饮茶时光，转而在自己的香草花园和果园里寻求茶的替代品。很快，薄荷、甘菊、干苹果、覆盆子和檫树根就作为"自由茶"，发挥了新的用途，常用的茶壶也被称为"自由茶壶"，人们再也无须向满负骂名的乔治三世交茶税了。

　　然而，茶作为一种饮料并没有彻底从美国人的家庭生活中消失。美国第一任总统，同时也是茶发烧友的乔治·华盛顿，在独立战争期间就颁布指令，给所有的官兵定期发放茶叶。而在弗农山庄的家中，他一直以来都是用自己最爱的茶招待客人。1784 年，中美直接通商，包括茶叶在内的中国商品进入了贸易清单。

19 世纪早期美国高速货船的出现和 40 年代飞剪船的应用，大大提升了茶叶从亚洲到美洲的运输效率，也给像约翰·阿斯特（John Aster）这样的商人提供了深入英国市场的机会。以大西洋与太平洋公司（Atlantic and Pacific, A&P）为代表的一些美国公司在这个世纪快速崛起，茗茶市场蓬勃发展。到 1890 年，占美国茶叶进口总量 40% 的绿茶和乌龙茶都来自日本。

美国人对凉茶和冰茶情有独钟。凉茶的配方在南北战争前就出现在《肯塔基主妇》等食谱中了。冰茶，人们多认为起源于 1904 年的圣路易斯世界博览会。英国人理查德·布莱钦登（Richard Blechynden）是当年世博会东印度馆的总监，在密苏里的烈日下，他发现供应热茶以推销茶叶很难见效。为了促销，他尝试把茶注入浸在冰水里的一些铅管中加以冷却，然后再供应上桌。这种冰爽的饮料给博览会的参观者留下了深刻的印象，冰茶很快风靡全美国。

美国人的另一项发明是茶包。19 世纪末期，仅为了把茶浸泡到热水中，就已经有很多设备注册了专利权。当时如《肯塔基主妇》这类的烹饪书就已经详细介绍了如何制作一种滤茶球：把一勺茶叶放入边长两英寸的方形棉纱包，然后将这个茶包完整地封在一个系着一根丝线的小袋子中。这种手工小茶袋可以提前准备好，喝茶时只需将之投入杯子或者茶壶即可，当茶香四溢时，拎着那根丝线，很容易就能取出滤茶球。到了 20 世纪 20—30 年代，生产滤茶球的机器被发明出来，很快又出现了纸质茶包。

美国人对茶包充满了热情，英国消费者却对泡茶方式的这一激进变革持谨慎态度。第二次世界大战期间的材料短缺更是阻碍了茶包在英国的大规模推行。直到 20 世纪 50 年代，茶包才开始真正走向成功。1953 年，在泰特利（Tetley）的积极推动下，茶包被引入英国，随后其他公司纷纷效仿。在 20 世纪 60 年代早期，茶包只占据了英国市场不到 3% 的份额，但是随着每分钟可以生产 450 个茶包的机器被发明出来，这一数字开始稳步增长。2007 年，茶包销量以惊人的速度增长，迅速占据了 96% 的英国茶叶市场。

20 世纪 20 年代，在禁酒令、摩托车和美国妇女所喜爱的新型独立生活方式的影响下，新开张了上百家新型餐厅和茶馆。如蓝鹦鹉旅馆、松树茶馆、巴尔的摩女士茶馆、赛摩瓦、我的茶柜、波利的院子和柴郡猫等为代表的一批茶馆、茶屋、茶室，在城镇中心、路边度假村、乡村花园，以及宾馆、旅店和酒馆的休息厅中如雨后春笋般涌现，所有的开办者和管理者都是来自各行各业、各种背景的女性。

大多数新兴茶馆并不同于人们今天从电视、电影中所看到的华丽风格。有的茶馆是充满艺术气息的波希米亚风阁楼；有的则是时尚的当代风格，经营管理者多是受过高等教育、有冒险精神并钟爱工艺美术的年轻女性；有的店面古典、优雅，专为上流社会成员而设。还有一些茶馆的成功与魅力归功于其或俄罗斯，或中国，或田园，或苗圃的独特风格，或者其殖民主题。

然而，如同 20 世纪 50 年代的英国，快餐的兴起也导致了茶馆在美国的没落。1973 年，《纽约时报》报道称："女士"茶馆已经走向末路。茶馆的地位逐渐被咖啡馆和便利店所取代。

在美国，茶虽然从来没有停止过供应，但是大多数酒店、餐饮店、快餐连锁店和餐厅提供的茶饮都存在茶叶质量粗劣、冲泡随意、服务水平低下的问题。今天，眼光独到的美国消费者期待着精品好茶和优质的茶水服务。人们对茶文化的兴趣正从东西两岸向内地开始复苏。

茶的回归　The Renaissance of Tea

20 世纪后期，全球的茶叶消费总体平稳，但消费力开始出现下滑态势；多数消费者喝着劣质袋泡茶，压根不知道茶包里装的是什么，也不知道其实还有很多好茶可以选择。随着 20 世纪 80 年代和新千禧年的到来，饮茶热又重新兴起。如今，来自全球的消费者，甚至在一些传统上以嗜饮咖啡而著称的国度，人们都爱上并喝上了产地各异、质量更佳的散茶。

　　中国大陆和台湾地区的茶叶公司看到了国际市场对茶叶持续增长的需求，它们随即扩大了自己的业务范围，吸引着越来越多的客户和消费者。近年来，欧洲人和美国人的绿茶消费量在增加，亚洲的消费者也同步爱上了调味红茶。为顺应市场变化，如今在亚洲各地新开的茶庄和茶室都能买到各种风味的特色品种，如焦糖咖啡布丁茶、波旁茶、杧果茶和混合果茶等。

　　日本茶道是日本的一项传统文化。如今日本各地的夜校仍开设严格的茶道课程。茶道是日本人社交礼仪的一个重要构成部分，至今在日本文化中仍备受尊崇。日本人在举办特殊活动或者迎接外宾时都会举办茶艺表演。茶已成为日本人生活中不可或缺的部分。目前，日本主要流行煎茶（sencha）、番茶（bancha）和焙茶（houjicha）等绿茶，但在过去的 25 年里，红茶添加牛奶的调饮方式也备受推崇，进而推动了红茶在超市和百货商店的营销量，也催生了很多英式茶坊。在英式茶坊中，人们可以品尝到切成小块的三明治、配着浓缩奶油和自制果酱的司康饼。在过去 10 年间，日本举办了一些以茶为

蒙特利尔野茶树
（Camellia Sinensis）
茶馆供应的工夫茶

走进伊利诺伊州帕克里奇市的妲露拉·莱莉（Tea Lula）茶叶店，迎面而来的是琳琅满目的一面茶叶展销墙

主题的大型活动和茶叶交易会。很多日本人渴望更多地了解西方的茶叶历史和饮茶习俗。

在美国，新兴高档茶馆和茶吧的兴起、精品茶的充足供应、对茶的健康功效的全新认识，以及无数种风味名茶带来的独特感受，正在点燃人们对茶的激情。这种激情令人回味无穷、几近沉迷，因为人们在茶的历史中融入了自己的无限遐想，从而赋予了茶一种全新的内涵。如今，美国的茶馆和茶叶零售店融合了欧、亚、美的不同元素，已不再是清一色怀旧的英式维多利亚风格。琳琅满目的茶单、各式各样的茶具、多种风味的茶食无不展示着当代人对茶的多样性的认知。

茶室吸引着更多年轻的消费者，一些茶馆和茶吧经常举办一些品茶会和茶知识讲座，引导更多的消费者走近博大精深的茶文化。因为茶和茶道可能有助于营造一种雅致静好的氛围，让人感觉身心放松，从而愿意谈论他们在别的场合不愿提起的话题。因此，茶也被一些研究在校问题学生、心理创伤、儿童病患等特殊群体的专家所关注。此项研究意义重大，参与此项研究的多为茶叶界有专业素养和奉献精神的人士。围绕这项研究，他们定期组织策划一些会议，举办茶叶展销会、开设相关培训课程。另外，他们还精心组织到印度、斯里兰卡、中国等茶叶生产国和地区的团队游活动。

英国市场上茶叶品种纷繁多样，一类专供品鉴茗茶的小型利基市场正逐步形成。茶馆、茶室、茶吧的生意空前兴隆，客户对单一产地来源的特种茶兴趣更大，而且懂茶的人也越来越多。跟美国情况相似，消费者热情越高，意味着他们对茶叶品种和内质的要求越高，就需要更好的服务与之相配套。由于年轻人已经意识到茶是一种既时尚又健康的饮料，如今，茶的销售已经不局限在茶馆里。中国面馆同样有高品质茶供应；日式寿司店和极简茶吧里提供和堂食一样的精制泡茶，打包外卖；在酒店用餐后也可以品尝到替代咖啡的各种优质茶品。

世界其他地区的人们也逐渐认识到饮茶的妙处，他们比以往任何时候都更热衷于搜索茶叶及其供货商的相关信息。在法国，就有着比欧洲其他地方更多、更雅致的茶室和茗品沙龙，如同格拉斯哥在 19 世纪 80 年代被誉为"茶屋之中的东京"（Tokyo of tea rooms），巴黎已成为欧洲现代茗茶中心。在意大利，健康专栏记者、宾馆和餐厅的经营者、婚庆等活动的策划人、茶馆老板和茶叶零售商，经常会聚在一起品鉴新茶、学习茶的加工制作知识、研究泡茶技艺和茶事活动、交流如何制作茶点。在德国、西班牙、荷兰、比利时、丹麦、瑞典、挪威，喝茶的人也越来越多，零售店的茶叶销售量较之以前明显增加。在捷克和波兰，各大城市茶叶连锁店和其分店的销售量也逐年增加。而在中国大陆和台湾地区，以及韩国、印度等地，茶吧与咖啡馆分庭抗礼。入住斯里兰卡的一些五星级酒店的客人，则可以在时尚的茶吧或茶室享用到来自全球各地的特色茶。

令人欣喜的是，全球有着那么多的茶品可供选择：浓郁醇厚的非洲和斯里兰卡红茶，温暖丝滑、散发着麦芽香的阿萨姆茶，大吉岭的春摘和夏摘茶，色泽鲜翠的日本绿茶，醇爽清香的中国绿茶，以及来自中国大陆、中国台湾、尼泊尔、夏威夷、马拉维和英国的珍稀手工茶，如银似雪、口味淡雅的白茶，还有具备多种保健功效的普洱茶和各种调味红茶。今天，哪怕是声称自己不爱茶的人，也能找到一款适合自己口味的茶饮。

大体上有三种因素推动了茶的回归。

在加州帕萨迪纳市的查多（Chado）茶馆，服务员正在准备茶水

首先，茶的品种之多令人叹为观止。不管你是谁，总有一款茶适合你的口味。

其次，茶比咖啡更健康已成为一个广泛的认知。茶叶中含的咖啡因更少，且含有很多对人体健康有益的物质，如茶多酚。茶多酚作为抗氧化剂，可预防人体内某些肿瘤的发生和发展。另外，人们也普遍认为茶是酒的完美替代品，也是亚洲菜的完美搭档。茶能助消化、补充每日人体必要的液体摄入量。最重要的是，茶可以提神醒脑。

最后，悠久的历史文化和精神需求是推动茶回归的第三个因素。那些事茶、饮茶和以茶会友的人都因茶而丰富着自己的精神生活。每个饮茶的国家都有自己独特的茶文化和茶习俗，但所有茶道都离不开中日佛教僧侣所信奉的"茶禅一味"这个渊源。对于爱茶人士，泡茶和喝茶就如同是坐禅。通过这样的活动他们把关注点放在生活中真正重要、真正有意义的事情上，凝神静气欣赏身边美好的事物，享受生活中重要的时刻，与人和谐地沟通交流或分享难得的悠闲时光。一杯香茗，能让人滤去浮躁，放下压力，在袅袅茶香中回归内心的安宁。

茶之得名　Naming the Drink

威廉姆·H.乌克斯的《茶叶罗曼史》告诉人们："'茶（tea）'一词在

《圣经》和莎士比亚的著作中，或者 17 世纪下半叶之前的任何英语出版物中都没有记载。1650—1659 年，出现了茶这一词的早期形式'tee'，但在 18 世纪中期之前，这个词一直读作'tay'。"

曾几何时，茶这种饮料在英文中称为"tee"或者"tay"，而在世界上的其他地方，它是"cha"或者"chai"。这些不同的名称是如何形成的呢？中国人最早提及茶，并借用了其他灌木的名字来称呼它。直到 725 年，它才有了"cha"这一称呼。而中文的象形文字"茶"，是在 780 年《茶经》出版后才得以普遍使用。

茶在其他语言中的名称的形成，取决于茶首次传入该国的交易途径。茶第一次走出中国、到达阿拉伯国家和俄罗斯时，普通话"茶"的发音也和商品一同传播开来。在波斯语、日语和北印度语中，这个词读作"cha"，在阿拉伯语中读作"shai"，在藏语中读作"ja"，在土耳其语中读作"chay"，而在俄语中的发音是"chai"。

葡萄牙人最早从中国人手里购买茶叶时，是在澳门口岸进行交易的。在那里，广东话中"茶"一词已经读作"ch'a"了。荷兰茶船则出入于福建的厦门港，因此他们使用厦门当地话的"te"字，读作"tay"，后来演变为"thee"。

由于欧洲各国和其他地区早期的茶叶贸易都是由荷兰人主导的，因此这种东方饮品在英语中叫作"tea"或者"tee"，在法语中叫作"the"，在德语中叫作"thee"，在意大利语、西班牙语、丹麦语、挪威语、匈牙利语和马来语中叫作"te"，在芬兰语中叫作"tee"，在泰米尔语中叫作"tey"，在僧伽罗语中叫作"thay"，而科学家则将其命名为"Thea"。

02

茶叶生产

茶树简介 The Tea Plant

"*Thea*"是茶树的植物学名称，由德国博物学家恩格伯特·坎普法博士（1651—1716年）最早使用。它是希腊语"女神"的拉丁文，也许这就是茶叶的别名"神药"的由来。

茶树（*Thea sinensis* 或 *Camellia thea*），由瑞典植物学家卡尔·冯·林奈（Carl vonLinné，1707—1778年，俗称林奈）于1753年将其进行植物学定名。茶树是一种山茶属常绿植物，又名茶（*Camellia sinensis*，*sinensis* 的意思是"来自中国"）。

茶树主要分为两个亚种和一个变种，分别是起源于中国的中国种（*Camellia sinensis sinensis*）和印度东北部阿萨姆邦与喜马拉雅山麓地区（包括中国西南部和越南）原生的阿萨姆种（*Camellia sinensis assamica*）。第三个是生长在柬埔寨的柬埔寨变种（*Camellia sinensis Camnodiensis*），柬埔寨变种通常不用于商业生产。人们认为茶树起源于东亚，很可能是位于中国云南或者印度阿萨姆邦的喜马拉雅山麓。

茶树为常绿灌木或乔木，花小，花冠5～7瓣，白色，雄蕊亮黄。茶树叶缘有锯齿，厚且有光泽；蒴果苦，大小如榛子，内有1～3粒种子。

中国种茶树通常最高能长到16英尺（5米），树姿开张，主干分枝多。中国种茶树耐寒性强，能在中国、尼泊尔和印度大吉岭的高坡上等高海拔地区旺盛生长。其叶长约2英寸（5厘米），一棵茶树可以持续生产优质茶100年以上。大吉岭的一些茶树的寿命甚至可以追溯到19世纪50年代。

阿萨姆种茶树主干明显，与其他灌木类茶树相比，它更像是乔木。如果任其生长，这种树可以长到 45 ~ 60 英尺（14 ~ 18 米）高，叶片长度可达 6 ~ 14 英寸（15 ~ 35 厘米）。在中国西南部云南省的西双版纳地区以及越南、老挝和缅甸北部，生长着高度超过 100 英尺（30 米）的古老的阿萨姆亚种茶树。阿萨姆种喜欢高温潮湿的环境，一株阿萨姆种茶树投产后的经济年限一般超过 50 年。阿萨姆种可分为 5 个变种：生命力旺盛的缅甸变种（Burman）、马尼坡变种（Manipuri）、老挝变种（Lushai）、嫩叶变种（tender-leafed，可能为那迦山变种或锡兰变种）和黑叶阿萨姆变种（dark-leafed Assam）。所有这些品种制成的茶都比中国茶颜色更暗，味道更浓烈。

柬埔寨变种更像是乔木，而不是灌木，它拥有高达约 15 英尺（4.5 米）的独立主干。这一品种通常仅用于在培育茶树新品种时，作为嫁接的砧木或是有性繁殖中的亲本。

在世界各地不同的地理条件下，生长着数百种不同的茶树变种（栽培型），也称为茶树自然杂交后代。千百年来，随着茶树逐渐适应当地生态条件，自然进化出了一些新的变种。茶叶科学家们精心挑选适合特定生长条件的茶树进行杂交试验，培育出了品质更优良的杂交后代茶树品系。

全球有 50 多个国家对灌木型和乔木型茶树进行商业种植，种植区域主

大吉岭普辛宾（Pussimbing）茶园里采茶的妇女

要集中在最适宜茶树生长的靠近赤道的热带地区。茶树生长的最佳气候条件是温度为 13～32℃，年降水量为 50～98 英寸（1300～2500 毫升），湿度为 80%～90%，海拔位于海平面以上到海拔 7000 英尺（2134 米）。对于人工茶林来说，最好的海拔在 4000～7000 英尺（1219～2134 米）。这一海拔高度云雾较多，使茶树免于受到过强的阳光直射；同时，这里凉爽的空气能够使纤弱的嫩芽和叶片生长速度放缓，得以积累和储存更多的茶叶风味物质，孕育更醇的茶香。

茶树喜酸性、排水性良好、富含腐殖质的沙质土壤，pH 值为 4.5～5.5 最佳。茶树生长的有效土层深度至少 6 英尺（2 米），且土壤需持水性好，确保渍水时排水通畅。太干或排水过快的土壤会导致茶树植株枯萎，新梢萌发停滞。而如果雨水过多，根系会因受渍出现烂根。

茶树栽培 Cultivating the Plant

茶树的繁殖除了用成熟的种子进行有性繁殖，也可以采取扦插、嫁接或者压条的方式进行无性繁殖。采取无性繁殖培育茶苗，应选择生长旺盛、发芽密度高、抗病虫害能力强、抗旱耐淹、品质优良的母株。近 20 年来，世界各地的茶叶研究中心都在研究如何完善无性繁殖幼苗的评价标准，如何选择生长速度快、高产的母株。这项研究旨在帮助茶农快速扩大茶园规模，有效提高茶农经济效益。

根据不同气候条件，茶树幼苗在苗圃中要经过 6～20 个月不等的保苗和炼苗期，然后再移栽到茶园里。茶园的种植密度一般设计为移栽茶苗周围预留 12～16 平方英尺（1.5 平方米）的空间范围。种植遵循景观的自然

斯里兰卡高地凯尼尔沃思茶庄的采茶人正在收获茶叶

轮廓，坡地种植有时要建成梯田，以减少水土流失。新苗在两年内留叶不修剪。当茶树长到 5～6 英尺高（1.5～2 米）时，要剪去顶芽，以促进侧枝的发育，培养树冠。此后要定期修剪，使茶树的高度保持在大约 3 英尺（1米）。修剪后的树冠被称为采摘面，在海拔较低的地方，3 年后顶部的新梢就可以采下制茶了，高海拔地区的茶园一般到第五年才开始采摘。

在气候炎热的地区，灼热的阳光会影响茶树的生长。当地茶农会种上一些遮阴树挡蔽烈日。在肯尼亚这样的热带地区，茶树终年生长繁茂。而在一些四季分明的地区，如印度东北部、中国，当冬季气温过低时，茶树有一段休眠期，其间茶树停止生长。茶叶采摘在茶树发芽期中都可以进行，在持续炎热的气候条件下，茶树常年发芽生长，采摘终年都可进行；而在气候凉爽、有季节变化的地区，采摘期可以从早春到晚秋。在一些四季温差较大的地区，如大吉岭，在乍暖还寒的春光中缓慢生长的第一片新芽，孕育着漫长冬日积聚的精华物质，被认为质量最佳，能制出最香的茶。而在世界其他地区，如阿萨姆邦，以一年中第二次采摘的茶叶品质最优，价格也最高。

制作顶级的红茶和绿茶，仅采摘新梢的一芽二叶。制作乌龙茶，可采摘一芽三叶或四叶。采茶人用拇指和中指指尖轻捏芽梢，将其小心翼翼快速扭折，将芽梢采下，从肩膀上投入背后的背篓或背袋内。

大吉岭的茶，叶形较小，大约 2.2 万个新芽才能制出 2.2 磅（1 千克）干茶；阿萨姆茶叶形要大一些，制成 1 千克干茶需要大约 1 万个嫩芽。清晨，茶树上还挂着露珠时，采茶人就开始工作了，这样才能采到最嫩的鲜芽，并完成一天的采摘任务。印度和斯里兰卡的采茶人以女性为主，普遍认为女性手感更轻。

手工采茶除了一芽二叶的精采，还有中采和粗采。中采是采一芽三叶，而粗采则是同时采摘一芽两叶、一芽三叶和一芽四叶的鲜叶原料。中采和粗采工作效率高，但是会降低茶叶质量。气候和海拔决定茶叶采摘的间隔期。在肯尼亚，终年都有新梢萌发生长，7~14 天就要采摘一次。在斯里兰卡，雨季每隔 7 天采摘一次，旱季每 10 天采摘一次。当采茶工穿梭在茶场或茶园工作时，他们也会将一些老叶和停止生长的枝条折下来，丢在地上。

世界上有些地区，或因为人工成本太过昂贵，或因为具体条件无法实现人工采摘，不得不采取机器采茶。近几年内，已经研发出了跟绿篱修剪所用的修枝剪相似的气动采茶机，以及由两个工人同时站在茶行采摘面两边同时操纵的双人手持式采茶机。

在地形允许的地方，可以使用类似大型拖拉机一样的修剪机，在一排排的茶树间慢慢作业，修剪下茶树冠面的顶部枝叶。现在还有一种类似于棉花采摘机的大轮采茶机器，操控者可在茶树上方操控机器，这些机器常见于地势平坦的阿根廷和美国南卡罗来纳州。因为机械采茶无法选择性地分辨芽叶，因而机采茶除了新芽，不可避免地也掺杂有梗、茎和粗老的叶子，从而影响茶叶原料的采摘质量。如今，模拟传统人工采茶动作，正在研发一种只采摘一芽二叶的新机器。为保证这种机器有效工作，必须平整茶园，将采摘冠面高度修剪一致，以确保机器工作时不会因为地势变化而突然下陷，从而剪下冠面顶部过多的叶片。

斯里兰卡的工人们
在茶园修剪茶树，
以促进新枝生长、
增加茶叶产量

茶树管护 Care of the Bushes

　　茶场和茶园要定期进行修剪，以清除干枯枝叶，保证茶树的旺盛生长，同时保持茶园的采摘面高度均匀。在进行修剪的同时，茶园经营者会借机清理排水沟，并开挖新的排水渠，保证茶园排水通畅。

杂草控制是茶园管理的一个关键因素。在茶树栽培中，控制杂草所需成本仅次于花费最高的采茶环节。茶树幼苗比成年茶树对杂草更敏感，因此，茶苗更需要精心护理，勤除杂草。在有些地方，人工除草或使用锄头、镰刀和叉子等工具除草就可以有效防止杂草的疯长，但使用最广泛、最有效的方法是施用特定的除草剂。

茶树最常见的病害是根病、茎病和叶病。根病可能会导致茶树枯死，叶片枯黄变色，或导致植株上的真菌滋生。茎病可能导致单个枝条枯死，并引起真菌繁殖。叶病则会导致叶片变色并出现病斑。

土壤中缺少某些矿物质也会导致茶树叶片变形变色、新芽停止生长或者枯萎、叶片变脆或者过早脱落，上述这些问题可以通过及时施加无机肥料、补充土壤所需的化学元素和矿物质进行处理，或通过清除坏死的植株、补植新茶树来解决。啮齿目动物和昆虫，如红蜘蛛、茶蚜瘿蚊、蚜虫和白蚁，也会破坏茶树生长，可以通过喷洒杀虫剂，或者在园地套种其他防虫植物来防治。

土壤的肥力可以通过施肥和添加土壤改良剂来实现，如施加有机肥、堆肥，或将修剪下来的茶树枝叶作为覆盖物施用于茶园内。

大吉岭推土村的一名工人正在搬运修剪下来的枝条，这些枝条将成为茶树的肥料

茶叶 Tea Types and Manufacture
分类与加工工艺

在全球范围内，有数以千计的茶叶品类产自不同的茶树品种。茶叶生产跟葡萄酒的生产相似，每种茶的特性、颜色和风味都取决于一系列变量：茶园的位置、海拔高度、气候和季节变化、土壤和土壤中所含的矿质元素、茶园的排水方式、茶树的栽培方法、茶叶采摘的标准、茶叶加工的工艺、成茶的外形及最终冲饮的方式，等等。

茶叶是按照加工工艺进行分类的，尽管从茶的名称——白茶、绿茶、黄茶、乌龙茶、红茶和黑茶，能大致了解成茶的颜色和形状，但决定其分类的依据还是加工方法。

不同品类的茶在加工过程当中，叶片发生的氧化程度也不尽相同。氧化是茶叶在采摘后发生的一种自然条件下的化学变化。如同切开的苹果或梨子一样，一旦果皮破裂，就会发生氧化反应变成棕色。绿色的茶树鲜叶在采摘后也会因为氧化作用慢慢变成红棕色。

茶树鲜叶经过采摘、萎凋后，进一步地揉捻会破坏叶片细胞加速其氧化，而高温杀青则能抑制酶的活性，阻断其继续氧化。茶叶氧化的时间越久，叶片颜色越暗，干茶的汤色也就越深。

不同品种的茶叶氧化程度如下：

· 白茶自然条件下缓慢氧化，程度极轻；

· 绿茶不氧化；

· 黄茶不氧化，但轻微发酵；

· 乌龙茶部分氧化；

· 红茶完全氧化；

· 黑茶（包括普洱茶）制作后再进行氧化和微生物发酵。

 白茶

白茶最初得名是因芽叶表面覆盖有白色或银色的绒毛（白毫），这种细毫对新发的芽尖有保护作用。白茶最早仅在中国出产，有 3 个品种的茶树可制作白茶（因茶树品种不同，可分为水仙白、大白、小白 3 类），但现在很多产茶园都在用其他茶树品种制作白茶。有些白茶的制作只用尚未展开的单芽，而其他白茶则由一芽一叶或二叶制成。

在中国，单芽制成的白茶称为"银针"，而用一芽一、二叶制成的白茶称为"白牡丹"。

然而，其他国家生产的白茶外形与"银针"却大相径庭。针状白茶的制作，可以用长约 1 英寸（2.5 厘米）的细长的芽头，也可以是更小更薄更长的鲜叶。鲜叶的大小取决于所取材的茶树品种。

白茶采摘须小心谨慎，以免损伤芽叶细胞，芽叶一旦受损，就会发生氧化变红。理想的白茶仅需轻度自然氧化。新采摘的芽叶首先放在温暖的阳光下（如阳光过强，则应放在阴凉处）摊放，进行自然萎凋，然后移到烘房内进行烘焙干燥。芽、叶的干燥速度取决于烘房的温度和湿度。

针状白茶冲泡时，茶汤呈淡淡的香槟色，滋味清甜回甘，毫香清鲜。用叶片和芽尖制作的白茶，氧化时间要长一点，因而茶汤颜色稍暗一些。在白茶的芽叶中发现的抗氧化物的含量高于大多数其他茶类。因此，白茶不仅是饮料，还有护肤的功效，这种特性增加了白茶受欢迎的程度。

 绿茶

绿茶通常被称为未发酵茶，绿茶在制作过程中不发生化学变化。各国的绿茶制作工艺不尽相同，但是基本都要经过短暂的萎凋，以使叶片中的一些水分蒸发，然后再进行蒸汽或锅炒杀青。杀青的目的是利用高温抑制茶多酚的酶促氧化，从而保持绿茶清汤和绿叶的品质。

杀青后要对叶片进行揉捻或加压，从而提升茶叶风味，并加工成特定外形的干茶。同时，在揉捻的过程中卷紧茶条，为绿茶外形的形成打好基础。比如，制作珠茶时，通过将叶片放在两个手掌之间揉搓或者在揉捻机上滚动，将叶子搓成浑圆坚实的小颗粒；制作龙井茶时，用手掌将一芽一叶的鲜叶原料紧贴已加热的龙井炒锅，逐步加压，制成扁、平、光、直的茶叶外形；制作碧螺春，则是用指尖将芽叶搓揉成卷曲的螺旋状。茶叶在做形过程中或基本成形后，可放入铁锅或密封烤箱内烘焙，也可铺于炭火之上的烘笼、纱布上烘干，或者倒入平底锅中加热干燥。

绿茶做形和干燥的方法因国家和地区而异。例如，在中国、韩国和越南的许多地方，虽然也会借助一些简单的机械，但多年来一直是以手工制茶为主，制茶的工艺代代相传。而在其他一些地区，制茶的过程已经完全实现了机械化或自动化。比如在日本，大多数绿茶的制作过程已实现全程机械化：首先将叶片在快速移动的传送带上进行杀青，使叶片变柔顺，然后在冷却台上通过机械冷却，之后经过回转揉、镇压、分类、整形上光、干燥，最后再次冷却，并在生产流水线的末端进行包装。

黄茶

黄茶是中国最珍稀的茶类之一。黄茶的制作工艺与绿茶近似，只是比绿茶多了一道工序（闷黄），其目的是让茶叶在湿热条件下发生热化学变化（多酶类化合物进行非酶氧化，叶子均匀黄变），形成甘醇的滋味品质。传统上，这道工序一般发生在鲜叶杀青抑制酶活之后。趁热将叶片用牛皮纸包裹起来，堆积在深竹篓内保温保湿，这样堆放一两天，再反复进行炒制、包裹和堆放，直到茶叶达到所需的外观、感觉和香气为止。"闷黄"可导致茶叶轻度发酵，将干叶的颜色从鲜绿色变为黄绿色，口感也由清新爽口的绿茶口感变为绵软的醇香，冲泡后的茶汤则呈现温润柔和的淡黄绿色。

乌龙茶

乌龙茶是一种部分发酵或半发酵茶，有时也被称为青茶。传统产地在中国大陆和台湾地区，如今其他国家也有生产。

乌龙茶可以被氧化20%～70%，氧化的程度不同，干茶的外形和口感也有所不同。绿色的颗粒形乌龙茶（如闽南的铁观音），通常氧化20%～30%，而深色的大叶乌龙茶（如闽北的大红袍）通常氧化60%～70%。制作大叶乌龙，需将鲜叶放在户外阳光下晒青，使之发生萎凋，每两小时将叶子翻拌一遍，然后移入室内堆放在竹器内。这一过程使茶鲜叶中的部分水分蒸发，并开始发生氧化作用。

一旦移到室内，需使用篾制的水筛或摇青机摇青，使叶片碰撞摩擦轻微受损，叶片细胞破碎溢出茶汁，促进氧化。当氧化程度达到70%时，将叶片投入杀青机内杀青5～10分钟，以阻断进一步的氧化。然后轻揉，以发展香气，增进滋味，最后放入烘箱或烘干机进行烘焙干燥。大叶乌龙可以冲泡数次，茶汤呈琥珀色，香气馥郁，滋味醇厚，带有焦糖的甜香，并伴有桃子、李子之类的果香。

中国台湾的一家茶叶加工厂，现代化机器将袋装乌龙茶包揉成颗粒形

条状乌龙青茶和颗粒形乌龙茶的制作，和大叶乌龙一样，都要先经萎凋和摇青，当叶片的氧化程度达到20%或30%时，将其放入杀青机内杀青以阻止进一步的氧化，5~10分钟后进行揉捻，然后静置过夜。第二天，将每20磅（9千克）重的茶叶用棉布包成球状，再把棉布袋放在专用的揉捻机中进行包揉。然后打开布袋进行松包，随即把解块的茶叶再次进行打包揉捻。这种包揉和松包过程重复至少36次，有时高达60次，直到茶条外形卷曲紧结，色泽翠绿鲜活为止。

这些青绿色的乌龙茶也可以多次冲泡，茶汤为淡琥珀绿色，干茶香气特佳，具有幽兰之胜，让人联想到水仙、风信子和铃兰。一些颗粒形乌龙在干燥期间的烘烤时间会稍长一些，因此与青色品种相比，其烘烤后的栗香品质略强。

台湾包种（Bao Zhong，Pouchong，也称清香乌龙茶），是大叶乌龙的一种。由于氧化时间短（氧化程度约18%），包种茶外形条索紧结，色泽翠绿，汤色蜜绿鲜亮，香气清雅带花果香。

 红茶

英文中的 black tea 在中文里指的是红茶，红茶因其茶汤呈铜红色而得名。在中国，人们所说的"black tea"是指包括普洱在内的黑茶。

红茶的制作方法和分类因国家和地区而异，但都包括 4 个基本流工艺流程：萎凋、揉捻、氧化（这一过程常被误认为是发酵）和干燥。按照制作方法，红茶可分成工夫红茶和红碎茶（cut tear curl，CTC）两大类。

传统的工夫红茶制法，在中国大陆和台湾地区、印度、斯里兰卡和印度尼西亚仍广泛使用。与 CTC 相比，工夫红茶制作工艺更为考究。工夫红茶制作时，为了减少叶片中的水分含量，会把鲜叶摊放，通过热风进行萎凋，这一过程需时最长可达 18 个小时。初采的茶鲜叶中水含量约为总重量的 78% ~ 80%，萎凋后，仅为 55% ~ 70%。这时的叶片变软，韧性增加，便于揉捻。

用 CTC 方法制茶，先将黄绿色的萎凋叶放入特制的揉捻机中切磨、挤压，破坏叶肉细胞，释放出氧化所需的茶汁。第一轮揉切之后，将较小的芽叶过筛，大的叶片重新放回揉捻机中进行第二次（有时是第三次）揉切。再放入一个像大型绞肉机一样旋转的机械，该机械会破坏叶细胞，并将其切细切碎。

芽叶经揉卷、切碎后，在潮湿凉爽的空气环境下摊成薄层进行自然氧化，依据空气的温度和湿度，氧化过程可以持续 20 ~ 30 分钟，或者更长时间。氧化后的茶叶颜色变暗，开始散发出独有的香味，并逐渐产生茶黄素（theaflavins）和茶红素（thearubigins）这两类多酚类化合物的氧化产物。

在这个阶段，时间点的把握至关重要。如果时间控制不好，氧化的茶叶很快会变成酸馊的堆肥。待达到所需氧化程度后，需将茶送入大型自动烘干机中，然后在传送带或者托盘上进行干燥，以阻断进一步氧化。或者用温度为 240 ~ 250 ℉（115 ~ 120℃）的热风干燥，这样可以将茶中的水分含量降低到 2% ~ 3%。通过百叶板烘干机的热风干燥是最有效的干燥方法，可确保茶

叶受热均匀，同步干燥。

　　CTC 制作法主要应用于一些茶叶生产大国，目的是加工出一种碎叶茶，以方便快速冲泡，滋味更浓，这正是袋泡茶所需的浓强、鲜爽的茶叶内质。

　　1931 年，随着袋泡茶在阿萨姆的兴起，CTC 红茶制作方法得以快速发

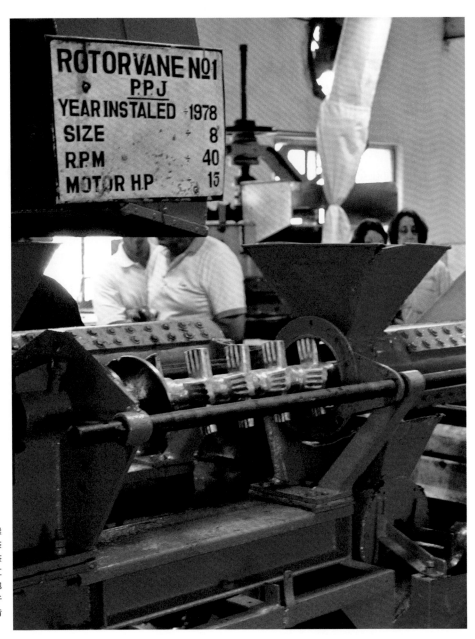

拆除了外壳的转子揉切机，露出了揉切茶叶的棱刀。它们将茶叶加工成 CTC 级红茶，用于制作袋泡茶。这些机器常见于斯里兰卡、印度和肯尼亚

展。制作袋泡茶所需的茶叶,萎凋方式与工夫红茶的生产方式相同。不同的是,茶叶的揉切是 CTC 机器里的刀片完成的,这种刀片高速旋转,将叶片切碎。也可以用劳瑞制茶机(Lawrie Tea Processor,LTP)进行旋转锤击,将叶片锤击并破碎成碎小颗粒。在现代化工厂中用 CTC 法制作红茶,氧化作用通常是在传送带上进行的,传送带缓缓行进,将氧化的茶源源不断地送到烤箱中干燥。

 # 黑茶

中国有好几个省份生产后发酵茶,即黑茶。其中,云南省南部出产的普洱茶最为著名。据说该茶有多种保健功能,包括降低胆固醇、消脂减肥等功效,因而在全球范围内广受欢迎。黑茶之所以得名是因为其成品茶的外观呈黑色,而普洱茶得名是因为其产地在普洱市,在那里,普洱茶的交易已经有数百年的历史了。

黑茶本来是压缩的绿茶。为了便于将茶叶送到因海拔过高而无法种植茶树的中国西藏地区,绿茶被压缩成茶饼。从云南南部出发到西藏拉萨路途遥远、行程缓慢,运输途中,茶叶不可避免会吸收潮气,或被雨淋湿。这激发了茶叶中的自然细菌和微生物生长,从而导致缓慢的自然发酵。随着时间的推移,这种用云南大叶种鲜叶原料制作的茶饼滋味从原先的浓烈苦涩,变得柔甜醇厚。而且茶的陈化时间越长,口感就愈发醇厚回甜、绵软爽滑。

普洱茶必须是以中国西南部的云南省,以地理标志划定范围内的 639 个乡镇所产的云南大叶种晒青毛茶为原料,并在地理标志保护范围内,用特定的加工工艺制成。非规定地理标志范围内地区生产的茶不能叫普洱茶。普洱茶分为两大类:生普(有时被错误地称为绿普或半绿普)和熟普。

所有的普洱茶都以未加工的滇青(毛茶)为原料。生普的制作沿袭了1000 年前早期制茶时的缓慢氧化和发酵的工艺。制作最好最贵的生普,茶叶鲜叶要采自树龄在 100~2000 年的野生或半野生茶树。将茶鲜叶摊放在阴凉

的晾台上或者树荫下，进行短暂的萎凋，然后进行锅炒杀青，抑制酶活性以防止氧化。然后把杀青叶放在竹筛中进行人工揉捻，再放到阳光下晒干，在自然干燥的过程中，茶叶会发生轻度氧化，颜色变暗成为棕褐色。

接下来，经过蒸茶、压模工序的茶叶被压制成圆饼形、茶砖形，或保留松散的外形。之后在控温控湿的条件下存放，使之继续发酵和氧化。经过日复一日缓慢的微生物发酵，茶叶最终从绿褐色变成红褐色，茶的滋味从青涩变得爽滑香甜。在专用仓库条件下，经过上百年甚至更长时间的精心存放、陈化之后，无论是散茶还是压制的普洱茶，均呈现出陈香显露、醇厚回甘的品质特征。普洱茶越陈越香，放得越久，涩味和苦味越少，滋味愈发醇厚爽滑。这些用最好的原料制成的生普，每饼市场售价可达数千美元，现在通常作为投资购买。

熟普的生产制作始于20世纪70年代，这种加工方法加速了普洱茶的生产进程。由于使用的工艺流程比较特殊，熟普通常会带有特殊的陈香。制作熟普的叶片（有的来自野生茶树，但更多采自人工栽培的年轻茶树）在采摘

不同年份的普洱茶
和两小块沱茶

后，按照生普的制作工艺经过萎凋、揉捻干燥，然后对毛茶增加一定比例的水分进行"潮水"，再添加取自陈普的微生物进行渥堆发酵。最后将茶叶在湿热的条件下砌堆并覆盖起来，最长可渥堆 40 天，其间适时将覆盖物取下，对茶叶进行翻堆，目的是让茶叶中的细菌含量、热量和湿度分布均衡。细菌活性使熟普比生普茶饼发酵更快，因而一旦压制成块后，熟普需陈化的时间要远远短于生普。熟普的茶汤黏稠浓重，色泽暗红或墨绿，散发出的陈香有类似泥土和发霉的味道。

待售的生普和熟普的茶饼，用薄纸分别进行包装，并在上面注明产地和生产日期等详细信息。最后，将茶饼放进礼盒，或者 7 个一捆叠放起来，用竹篾或者草绳包扎起来存放，以保护其品质。

早在 1000 多年前的中国唐朝（618—907 年），为方便茶叶的保存和运输，制茶工匠就将绿茶压缩成了茶饼或茶砖。现在市场上销售的紧压茶多是普洱茶，也有一些是用普通红茶压制而成的。紧压茶形状各异，有小巧的碗形、扁平的圆形或三角形，也有像鸟巢一样的碗形、瓜状的球形、小圆盘状或小球状，还有类似砖块的长方形或正方形。有的是用竹子或干芭蕉叶包装的，有的是用草叶和纸包装的，有的是单独包装，还有些则是四个或更多的茶饼叠在一起成捆成包。

冲泡紧压茶时，可用手指掰下或者用小刀切下所需的叶量，将其浸入沸水中，1~5 分钟后饮用。茶叶浸泡的时间越长，茶汤的颜色越深，滋味就越浓。

花茶 Flavored Tea

任何一种茶，不论是白茶、绿茶、黄茶、乌龙茶、红茶还是黑茶，都可以用作茶坯，添加香花、水果、香料或香草等芳香物质窨制花茶。毛茶生产结束时，将花瓣、花蕊、干药草、干果、香料或香精油等芳香物质，按一定比例与茶坯混合窨制，即可制成花茶。

制作花茶，茶坯和配料要搭配适当，才能使茶香与配料的香气相互促进，提升香气品质，而不会抑制或产生拮抗作用。一杯搭配完美的花茶应具有迷人的外观，还要有诱人的香气和爽口的味道。

只需在茶中加入干花瓣、香料、干香草或水果，消费者在家就可以轻松制作花茶。在商业生产花茶的过程中，生产者可以添加精油、芳香化合物和天然香精。这些调味料一般都是以乙醇和甘油为原料制成的，它们被用于渗透纤维素基植物材料。具有良好的热稳定性，且香味持久。

伯爵茶（earl grey）是最著名的花茶之一，传统上是由红茶（也可是绿茶、乌龙茶或白茶）与佛手柑精油混合而成。佛手柑这种柑橘类水果给茶叶带来清新、芳香的甜橙柠檬味。世界各地流行的其他花茶包括：将令人陶醉的新鲜茉莉花香窨制到茶中而制成的茉莉花茶；将干燥的红玫瑰花瓣与红茶窨制而成的玫瑰花茶；还有由中国珠茶和干薄荷叶窨制成的摩洛哥薄荷茶。花茶能创造无限的可能性，如今，从柠檬茶到由各种花和异国香料调制出的混合饮料，都属于花茶的范畴。

花茶必须妥善保存在密封容器内，并置放在阴凉的环境中。花茶的香味很容易传给旁边放置的其他茶叶，因此茶叶包和茶叶罐必须完全密封，以防

许多茶店除了出售纯茶和单一产地茶，也出售花茶和拼配茶，图为美国马萨诸塞州南汉密尔顿的朱莉茶店

止串味。

花茶不应与茶叶之外的植物加工的饮品相混淆。许多草药和花卉，包括甘菊、薄荷、玫瑰和芙蓉，都可以用于制造口感丝滑、对人体有益的饮品。但是，如果其中并不包含茶叶，那么不论是干品还是液体都不应该被称作茶。按照法律规定，外包装上应该向消费者说明产品的成分：是纯茶、掺有花草的茶，还是纯药材、花、香料和果品。

有机茶 Organic Tea

按照有机食品生产标准，任何一种有机食品的种植均受到不同国际机构的严格规定。在有机种植区内的任何地方不得使用化肥、杀虫剂、除草剂或

其他化学试剂。有机食品生产必须完全按照自然生态的方法来控制病虫害，用动物粪便、自然堆肥和其他有机物质做喷雾剂覆盖物和肥料。从事有机茶叶生产的企业应关注全球长远的生态健康，在利用自然资源从事有机茶生产的同时，保护生态环境，回馈地球。病虫害要通过生态的方法（如引入七星瓢虫）加以控制，企业生产的目的是保护而不是破坏环境，同时生产不含任何化学添加剂的有机茶叶。有机农业是劳动密集型产业，因此成本高昂。但是随着全球范围内越来越多的人开始关注和支持有机食品，可供选择的有机茶品正越来越多地出现在茶叶零售店和超市的货架上。

即使不使用有机的生产方法，茶叶实际上也是一种非常环保的食品，其种植和生产均受到欧盟和美国健康和公共安全标准的严格控制。值得欣慰的是，目前关注地球的长期健康与生存发展的人数已相当可观，而且人数还在不断增加。

一些茶叶种植园主已经将有机茶的生产向前推进了一步，他们试图在与自然生态系统和谐相处的条件下，生产出所谓的生物动力茶。这就意味着在种植、修剪和耕作茶园时，都要考虑到季节、天气、月亮的盈亏以及不同种类的昆虫、鸟类和动物之间的相互作用和相互依存。

生物动力学的耕作方法，不管是用于种植茶树，还是酿酒的葡萄，都是基于奥地利哲学家鲁道夫·斯坦纳（Rudolf Steiner，1861—1925年）的理念。通过蚯蚓养殖，把碎草、绿肥、禽畜粪便和椰壳变成大量有机堆肥，就是生物动力学耕作方法之一。然后，把这种天然肥料装进牛角，与草本植物如

大吉岭安布蒂亚（Ambootia）茶园正在采茶的妇女
注：安布蒂亚是大吉岭最早的一批生物动力茶园之一，如今是安布蒂亚有机生物动力茶集团的一个构成部分。

蓍草、荨麻和洋甘菊一起埋入地下 6 个月，以便让营养物质慢慢滋养茶树的根部。这样就实现了作物的生长与自然生态循环的和谐共处，这种茶树的栽培方法与古代的农业实践很相似。德米特国际（Demeter International）是运作生物动力认证计划的机构之一，也致力为提高人们对生态模式和可持续农业活动的认识而进行的投资。

人们通过购买"公平贸易"的茶叶，旨在帮助茶叶生产国的工人不受剥削，确保他们能分享公司的盈利。茶，一直是非常道德的行业。按照所在国的平均工资，茶行业的大多数产业工人相对收入都比较高。茶叶种植园区通常是以小型社区的形式运营的，为茶产业工人提供优质住宅和水源、托儿所、学校、诊所和医院是种植园主关注的首要问题。

作为公平贸易运动的一部分，公平贸易基金会（Fairtrade Foundation）于1992 年在英国成立。作为一个慈善机构，该基金会致力于帮助发展中国家的弱势生产者和工人。它试图改变发展中国家工人的工资收入与消费国的大公司利润之间的不平衡。产品通过超市、小零售店、网站、邮购目录等常规渠道销售。一定比例的利润返回给生产区，并通过养老计划、培

训计划、福利和医疗项目，改善工人的生活质量，通过植树等举措改善环境，防止水土流失和山体滑坡。

获公平贸易认证的茶叶主要来自中国、印度、斯里兰卡、尼泊尔、坦桑尼亚、乌干达、津巴布韦、肯尼亚和越南等国家和地区。其他类似的公平贸易组织包括英国公平贸易组织（Traidcraft），美国公平贸易（Fair Trade USA）、国际公平贸易（Fair Trade International）以及澳大利亚和新西兰公平贸易协会（Fair Trade Associations of Australia and New Zealand）。

道德茶叶合作联盟（Ethical Tea Partnership，ETP）是由一批英国茶叶包装公司于1997年组建成立的一个不以营利为目的的会员制组织，原名为茶资源合作伙伴（Tea Sourcing Partnership）。之后，一些非英国公司也加入这一组织。ETP的成立目标与公平贸易相似，但只涉及茶叶行业。因为茶不像咖啡那样是全球公开交易的商品，公平贸易无法有效体现茶叶贸易中商品的细微差别和地域特殊性。

ETP与公平贸易的不同之处还体现在两者的关注点不同。公平贸易关注的首要问题是确保当地生产商获得可持续的利润，而ETP是一个社会和环保组织，两者的差异是巨大的。在某些情况下，以经济为导向的模式可能会导致一些无良生产商为赚取利润而哄抬价格。

英国的茶叶货源主要来自中国、印度、印度尼西亚、斯里兰卡、巴布亚新几内亚、肯尼亚、马拉维、卢旺达、布隆迪、乌干达、坦桑尼亚、津巴布韦、南部非洲、莫桑比克、阿根廷和巴西。ETP对这些茶叶生产国的茶园状

斯里兰卡高地一家茶叶加工厂顶楼摊放晾晒的茶鲜叶，开始 12 小时的萎凋过程

况进行监测。ETP成员的责任，是维护茶叶生产、包装和供应中所涉及的社会和公平正义的内容。该组织力求保证其成员公司从有道德的生产商那里购买茶叶，这些生产商必须遵守当地的劳动法规和工会条款，确保工人的雇用权利、健康权、人身安全、生殖权和茶园的居住权、受教育权和其他一些基本权利。茶农加入公平贸易基金会（Fairtrade Foundation）必须缴纳会员费，但ETP对于茶农是免费的，且活动资金全部由其成员组织赞助。

今天的ETP成员包括欧洲、北美洲、澳大利亚和新西兰的大型国际茶叶品牌和一些小型独立品牌。ETP的监测程序建立在道德贸易倡议联盟（Ethical Trade Initiative）的基本原则之上，并涵盖了国际劳工组织（International Labor Organization，ILO）相关的核心约定，由普华永道（Price Waterhouse Cooper，全球顶级会计师事务所之一）进行审计。ETP全球标准涵盖了与茶叶相关的社会和环境关键问题，并促使茶叶生产商生产出达到国际标准的茶叶。

茶叶的成分 What is in Tea

茶叶里含有多种化学物质（包括氨基酸、糖类、矿物质、咖啡因和多酚类化合物），从而使茶具有特殊的颜色和味道。茶鲜叶中，水分占75%~80%，在茶叶加工过程中，水分含量会降到2%~3%。

被称为多酚的抗氧化剂对茶叶的口感和滋味影响最为显著。茶树的新梢中多酚的含量高于老叶。在氧化过程中，一种称为儿茶素的特定类型多酚化合物会与氧气发生反应，从而使冲泡出来的茶汤呈现出独特的口味和颜色。

茶叶中的复杂香气成分和影响茶香的挥发性化合物，主要包括糖类、醇类、醛类、酸类、酯类和含氮化合物。但是，茶的独特口感主要是由各种多酚化合物产生的，包括儿茶素、茶黄素、单宁和类黄酮。茶的苦涩味源自茶黄素和茶丹宁酸。

类黄酮是多酚化合物中最大的类别。在茶叶加工过程中，通过氧化作用，儿茶素（简单的类黄酮）转变为更复杂的类黄酮（茶黄素和茶红素）。因此，未氧化的绿茶中含有更多的简单类黄酮，而氧化的乌龙茶和红茶中则含有更多的茶黄素和茶红素。

茶树的鲜叶中，儿茶素的含量约占干物质总量的 25%，具体取决于茶树的品种、茶园的地理位置、采摘的季节以及光照水平。这些儿茶素包括表没食子儿茶素-3-没食子酸酯（epigallocatechin -3- galate，EGCG）、表儿茶素（epicatechin，EC）、表儿茶素-3-没食子酸酯（epicatechin -3- galate，ECG）、表没食子儿茶素（epicallocatechin，EGC）和没食子儿茶素（gallocatechin，GC）。通常，绿茶中的 EGCG 含量高于黑茶或者乌龙茶。

L-茶氨酸

茶叶中还含有 L-茶氨酸—— 一种茶树特有的氨基酸，在其他植物中极为罕见。这种氨基酸有助于神经冲动在大脑中的传递，增加大脑的 α - 波活动，在不引起嗜睡的情况下起到安神的作用。

微量元素和维生素

茶叶还含有微量的钙，锌，钾，锰，维生素 B_1、B_2、B_6 和 B_{12}，叶酸，烟酸和泛酸盐。尽管茶叶中存在单宁，但通常认为茶叶中不含单宁酸。

咖啡因

茶树中的咖啡因是一种天然杀虫剂，可以防止昆虫蚕食新芽和破坏幼芽。茶树嫩芽和新叶中，咖啡因的含量较高，可以保护新芽的生长发育。这意味着，尽管各种茶中都含有咖啡因，但用嫩叶和新芽制成的茶（如白茶）中，咖啡因含量通常更高。

不同品种的茶中咖啡因的含量不尽相同，具体取决于茶树的品种、茶叶采摘时叶片或芽的老幼程度、茶园的海拔高度以及茶叶萎凋的时间长短。例如，阿萨姆种（Assamica）茶鲜叶中的咖啡因含量较高，无性系茶树中含有较高的咖啡因，并且一年中茶树新芽生长最快时，通常所含的咖啡因也较多。

通常，一杯茶的咖啡因含量是等量咖啡的 1/3 ~ 1/2。不同的冲泡方式也会影响茶中咖啡因的含量。比如，浓茶中咖啡因的含量更高，较高的水温会更快地释放出更多的咖啡因，而浸泡时间越久，茶中的咖啡因含量也越高。

尽管茶与咖啡中所含的咖啡因物质相同，但是人体吸收的方式存在很大差异。人们喝咖啡时，咖啡因会使人的大脑神经很快兴奋起来，脉搏跳动更快，心脏泵血更加有力。而茶水中的咖啡因与单宁相结合后，缓慢进入人体的血液循环系统，咖啡因引起的兴奋与 L-茶氨酸的镇静作用相中和，于是，咖啡因的刺激作用得到了缓解。

与喝咖啡相比，茶中咖啡因的刺激作用表现得更为缓慢，但这种作用在饮茶者身上停留的时间更长（6 ~ 8 小时），消失得也更为缓慢。

茶在中国古代最初被饮用时，就被认为有助于促进健康。除了在饭后品饮有助于消化，人们还用它制作外用药膏和护肤品。当茶传到欧洲时，最初就是在药房销售，并作为一种药品进行宣传，称其可以治疗胃部不适、皮肤病、头疼、发烧、记忆力减退、嗜睡等许多其他日常疾病。

直到 20 世纪，关于茶的健康功效仍很少得到证实。但是，近年来的科学发现和 1000 多项国际协同研究，为喝茶如何影响人类健康提供了更多依据。以下是由美国农业部在华盛顿举行的茶与人类健康国际研讨会上介绍的一些研究重点。

身心放松但大脑敏锐

纽约城市大学神经科学教授约翰·福克斯（John Foxe）用核磁共振（magnetic resonance imaging，MRI）绘制了茶作用于人脑复杂活动的影像图谱。在实验者饮用含有 25% 的 L-茶氨酸（仅存于茶树中的一种氨基酸）的茶水之后，福克斯博士及其团队对其大脑活动进行监测。监测发现，实验者在饮茶之后，茶氨酸通过吸收进入人体的血液循环系统，增加了 α 脑电波的活性。众所周知，当大脑频率处于 α - 波时，人们身心放松，但意识清醒敏锐。

EGCG：茶的强大功能成分

在每次茶与健康的国际研讨会上，表没食子儿茶素-3-没食子酸酯（EGCG）都是流行语，EGCG 是儿茶素的主要成分，也是绿茶和白茶中的强效抗氧化剂。现在，全球研究人员正在着手研究 EGCG 对癌症和人类整体健康的积极作用。

帕金森和阿尔茨海默病患者的福音

饮茶对帕金森症和阿尔茨海默病的积极影响，是最有希望的新研究领域之一。以色列海法伊芙·托普夫中心的西尔维亚·曼德尔（Silvia Mandel）博士一直在研究 EGCG 对神经系统健康的影响。她和她的团队发现，绿茶 EGCG 似乎可以防止脑细胞死亡，通过 EGCG 治疗还能逆转阿尔茨海默病实验动物的大脑损伤。

曼德尔博士表示："EGCG 不仅可以帮助防止脑细胞死亡，多酚甚至可以挽救受损的神经元，并帮助其修复。"

在对 4800 多名 65 岁及以上的男女进行了 14 年的跟踪调查后，研究人员发现，那些每周喝 1~4 次茶的人比完全不喝茶的人患痴呆症的概率低 37%。但问题在于，到底是茶叶中的 EGCG 还是咖啡因导致了患痴呆症的风险降低，目前尚无定论。

心血管疾病

茶、红酒、可可以及许多水果和蔬菜都富含类黄酮。在饮食中添加类黄酮可以对包括心血管疾病在内的慢性疾病产生积极作用。

美国密歇根州立大学的一项研究表明，饮茶者的总黄酮摄入量比非饮茶者高出 20 多倍。一杯茶中约含 125 毫克黄酮类物质，这比非饮茶者一整天的黄酮类物质摄入量都高。

意大利的一项研究表明，茶中的类黄酮可以减轻动脉硬化。这说明喝茶可以通过降低血液中的胆固醇浓度和扩张血管来控制血压，从而对心血管疾病产生有利影响。

降脂减肥

喝一天茶可导致能量消耗增加 4.7%。这意味着通过喝茶，每天平均可燃烧 102 卡路里的额外热量（脱咖啡因的茶效果不佳，因为咖啡因在加速新陈代谢率中发挥了作用）。这个好处似乎还不够明显，但是如果用不加糖的茶代替含糖的软饮料或第二杯葡萄酒，其能量消耗的效果会增加到 350 卡路里。

糖尿病

最近的一项研究表明，当参与者在每天的液体摄入量中加入五杯茶时，

2 型糖尿病的发病率可降低 23%。

脑中风

加州大学洛杉矶分校医学院的教授莱诺·阿拉伯（Lenore Arab）博士综合了 9 项国际研究的结果，这些研究涉及 5 个国家的 19.6 万名参与者。研究结果显示，当参与者每天喝 3 杯或更多的茶时，中风的发病率平均下降 21%。

骨骼健康

骨质疏松症的影响无法逆转。然而，美国得克萨斯理工大学健康服务中心的一项新研究指出，饮用绿茶可以改善骨骼构成、增强肌肉力量、减少骨骼退化。在针对骨密度较低的绝经后女性开展的临床试验中，沈卓力（Chawn-Li Shen）博士发现，每天饮用 4 ~ 6 杯绿茶可以提高骨密度。

利尿通便

喝茶不会产生负面的利尿作用，除非单次饮用的茶水中咖啡因含量超过 300 毫克。按平均每杯茶水中咖啡因含量为 50 毫克计算，这相当于一口气喝 6 杯茶。

一次性饮用的茶水中咖啡因含量如果超过 300 毫克，可能会有利尿效果。但对于那些日常饮茶量较大的人来说，他们对咖啡因的耐受性可能会逐渐增强，这意味着茶的利尿作用对经常喝茶的人会减弱。

健康生活的构成部分

世界卫生组织认为，健康的定义是"身体、精神和社会适应的全面健康状态，而不仅仅是没有疾病或身体不虚弱"。虽然茶不能被吹嘘为包治百病的灵丹妙药，但它肯定是健康生活方式的一个重要构成部分，也是人体健康的自然保卫者。

咖啡因是一种温和的强心剂和利尿剂，茶中的咖啡因可能会给患有心脏或肾脏病的饮茶者带来一些负担，而脱咖啡因茶就给这部分身体有恙但又爱好饮茶的人群提供了另一个选择。有 3 种试剂可以用于商业化去除茶中的咖啡因：二氧化碳、二氯甲烷和乙酸乙酯。对于采用哪一种方法进行商业化生产脱咖啡因茶，不同国家有着不同的规定。

二氧化碳是一种有机溶剂，使用成本低，脱咖啡因后茶叶中残留的二氧化碳很容易去除，而且少量无害。在萃取釜中放入加水润湿的茶叶，将二氧化碳泵入萃取釜（调整压力、温度，使二氧化碳处于超临界流体状态），通过二氧化碳与茶叶的接触来萃取咖啡因。然后将二氧化碳从釜中抽除，并与咖啡因实现分离。之后，将二氧化碳重新泵入釜中，以萃取更多的咖啡因。这个过程要重复几次。这种方法脱咖啡因的好处是茶叶中不会有任何化学残留，并能有效地保留茶叶原有的风味和所含的各类化合物。

二氯甲烷是从茶叶中萃取咖啡因的最常用、最广泛的试剂。在美国，二氯甲烷被禁止用于从茶叶中提取咖啡因，但不禁止用于咖啡。二氯甲烷可以直接或间接用于制作脱咖啡因茶。在"直接"法中，将二氯甲烷施用于润湿的茶叶上，茶叶中的咖啡因溶于二氯甲烷而轻松被去除，然后将不含咖啡因的叶子洗净干燥即可。在"间接"法中，二氯甲烷不需直接接触茶叶，先通过水浴法长时间浸提茶叶中的咖啡因，然后将含有咖啡因的水与二氯甲烷混合，加热蒸馏混合溶液，使咖啡因和二氯甲烷蒸发，留下水和茶叶提取物，最后再将茶叶提取物加入茶中即可。

乙酸乙酯是一种天然产物，存在于茶、咖啡、葡萄酒和香蕉中，可以用作冰激凌、糖果、蛋糕和香水的增味剂。因为它是天然的，所以有些人认

斯里兰卡首都科伦坡的茶叶拍卖中心，每周都会有成千上万箱的茶叶在这里成交

为乙酸乙酯是最好的脱咖啡因剂，美国食品药品监督局（USA Food and Drug Administration，USFDA）认定它一般是安全的（GRAS）。

使用乙酸乙酯脱咖啡因，先将茶叶用水和乙酸乙酯浸润，茶叶在润湿后，其中所含的咖啡因会与乙酸乙酯结合在一起。然后再对茶叶进行加热、干燥。在干燥过程中，乙酸乙酯和水被蒸发掉，咖啡因随之被去除。与此同时，茶叶中82%的EGCG（表没食子儿茶素没食子酸酯）和其他多酚也会流失。由于这3种方法在脱除咖啡因的同时，也从茶叶中萃取了其他的健康成分，所以脱咖啡因茶达不到与含咖啡因茶相同的健康功效。

降低茶叶中咖啡因含量的自然方法是烘烤或烘焙。在日本，番茶（Bancha）经烘焙加工后，可制成低咖啡因的焙茶（Houjicha）。乌龙茶在加工时，最后也要进行烘焙，所以它的咖啡因含量可能也比较低。然而，干燥或烘焙的过程也会使茶叶中的一些多酚流失，从而降低该茶叶的保健功效。

与一度流行的观点相反，在家泡茶时，用沸水将茶叶洗30～45秒后，茶中的咖啡因并不能被完全去除。茶叶需要浸泡更长的时间，咖啡因才能浸出并溶解于茶水中。

尽管脱咖啡因茶和无咖啡因茶都只含有少量或不含咖啡因（脱咖啡因茶仍含有5%的咖啡因），但这两个术语不能相互混淆。无咖啡因茶，如中草药饮或果茶，本来就不含咖啡因；而脱咖啡因的茶则是去除了茶中原有的咖啡因。

茶叶等级 Leaf Grades

当加工好的茶叶最后从烘干机出料口输送出来时，干毛茶的外形大小不匀、长短不齐。为了满足茶叶拼配的需求，同时，也为了取得最好的冲泡效果，茶叶须按照整碎程度分成不同的等级。因为匀整度不一的茶叶在冲泡时，其舒展和浸出物的速率也不尽相同。如果将不同等级的散茶拼配在一起，它们很快会"配料分离"，较小的茶叶颗粒会沉到包装袋或茶叶罐的底部，导致这类拼配茶的冲泡不匀，影响口感和观感。因此，一旦茶被烘干，必须将茶叶通过手工或者分级筛网进行分级。然后根据大小长短、粗细轻重和外观色泽进行分级。茶叶分级体系因国家而异。

在中国，茶的命名一般是跟茶叶的产地、一年当中采摘的时间、加工的方法、茶叶的外形、色泽或是该茶背后的传说有关。例如，"珍眉"之所以得名，就是因为这种绿茶的条索纤细，如仕女之秀眉；九曲乌龙的得名源于一个"九曲溪黑龙"的神话传说；玫瑰工夫茶（Rose Congou）是手工精心制作的一款红茶，在包装前与干燥的粉红色玫瑰花瓣混合而成（像"kung fu"一样，Congou 即是中文的"工夫"，其含义与技能或规则相关）。每一种茶叶的品质都可以分为 1~7 个等级，并使用一些修饰语作为标识。比如"特级"表示最好的茶，"普通"为最低等的茶。乌龙茶通常按照诸如"特选""特优"和"优级"等描述进行分级。

在中国台湾地区，常使用像"顶级""特级"和"优级"这类词语给乌龙茶分级；而在日本，绿茶的等级被描述为"普通""特优"和"特选"等。

在非洲和其他一些生产 CTC 红碎茶用于制作袋泡茶的国家，用另外一种分级体系来区分片茶（fannings）、末茶（dust）和其他一些小的颗粒状茶叶等级。

在印度、斯里兰卡和其他一些传统茶叶生产国，仍旧用正统的方法生产红茶，这些国家的茶叶分级体系把红茶划分为叶茶、碎茶、片茶和末茶等类别。

关于茶叶分级需要着重强调的是，茶叶的分级术语仅提供了茶叶的外观和外形大小等信息，不实际品尝无法判断其优劣。而每款茶的质量不仅取决于茶树的栽植条件、加工流程，同时也取决于处理手段和储存方法，因此必须通过茶叶审评才能判断其好坏。

叶茶类（全叶或大叶）红茶的等级

橙黄白毫

这类茶条索细紧纤长，采摘期选在末端芽全面展叶时。很少含毫尖（精致秀美的金黄色芽尖）。"pekoe"一词源于中文"白毫"（pek-ho 或 baihao）一词，指某些类型的茶树叶片背面的银色茸毛。"orange"一词可能来自荷兰奥兰治王朝（House of Orange），它是第一个从中国进口茶叶并将之转出口的欧洲皇室家族。因此，橙黄白毫也是质量最高的代名词。

花橙黄白毫

由新梢尖的一芽二叶制成，条索紧卷匀齐，金黄毫尖多。是叶茶中品质最佳的花色。

金花橙黄白毫

有金黄毫尖的花橙黄白毫。

显毫花橙黄白毫

含有大量金色毫尖的花橙黄白毫。

优质显毫花橙黄白毫

这是特别优质的花橙黄白毫。

特级金花橙黄白毫

品质最高的花橙黄白毫。

白毫

这个等级比橙黄白毫叶子更短，更粗老。

花白毫

花白毫的叶子被揉捻成片状，叶片比黄白毫短且粗老。

白毫小种

构成白毫小种的叶子较白毫更短，更粗大。

在斯里兰卡高地，一名工人正在称重自己采摘的茶树鲜叶，这些鲜叶将用于制作红茶

小种

"小种"这个词在中文中是指茶树品种为亚变种（sub-variety）。此处作为术语，指大叶子被纵向揉捻成粗大、破碎的小块。小种红茶通常是指来自中国大陆和台湾地区的烟熏茶。

碎茶类等级

碎茶是指筛出较大的叶片后所剩下的断碎茶。可以分为8类：花碎金橙黄白毫、碎金橙黄白毫、显毫碎金橙黄白毫、显毫花碎橙黄白毫、显毫花碎金橙黄白毫、花碎橙黄白毫、碎橙黄白毫、碎白毫小种。

片茶类等级

片茶是指筛除较大的整叶和碎茶颗粒后剩余的最好的筛分组分。常用于制作速溶茶包。有时会在片茶等级后添加数字"1"，以表示最好的质量（如PF 1）。片茶等级分类：碎橙黄白毫片、显毫花橙黄片、金花橙黄片、花橙黄屑片、橙黄屑片、白毫屑片。

末茶类等级

末茶是红碎茶中最小的颗粒，分为3类：一级末茶、白毫末茶、一级白毫末茶。

CTC 红碎茶

红碎茶一般分为10种：碎白毫、一级碎白毫、白毫屑片、片茶、白毫末茶、末茶、一级末茶、二级末茶、红末茶、碎混合屑片。

斯里兰卡蓝毗尼茶厂（Lumbini Tea Factory）的工人正在收集刚刚分好级的茶叶

其他分类术语

茶叶分级体系中其他的分类术语：无性系、中国变种、特级花碎橙黄白毫屑片、精细末茶、金末茶、超红末茶。

天气变化和生产加工工艺的细微差异等因素，都会导致不同年份、不同季节的茶叶在味道和品质上有所不同。与葡萄酒品酒师一样，评茶师要审评的正是茶叶的这种不同。比如说，他们会品鉴第一轮新梢采制而成的大吉岭茶，是产自玛格丽特·霍普茶庄（Margaret's Hope Estate），还是产自卡斯尔顿茶园（Castleton）；也会比较哈穆蒂（Harmutty）茶庄于 2013 年和 2014 年两个不同年度出产的第二轮新梢加工的阿萨姆次摘茶的差异。

有些饮茶者更希望，他们每次买到的茶，例如英国早餐茶或格雷伯爵茶，口感都是相同的——同样的浓郁、同样的味道。正是因为这样，茶叶拼配师和包装商制成了拼配茶来适应顾客的需求。为此，茶叶拼配师每天需要品尝数百种不同的茶样，以便找到多达 35 种以上拼配茶标准样的正确风味。

茶叶拼配师通过品尝不同茶园、不同产地和不同季节采摘的茶，选出合适的配方进行拼配。就像制作混合葡萄酒和香料一样，其配料在用量和取材范围上可能有所不同，但最终调配后的拼配茶在口感和香型上必须一致。当一种拼配茶的配方确定后，按配方将所需的茶叶倒入大型漏斗形容器中，茶叶经漏斗进入混合桶，在混合桶中均匀混合，然后按常规方法进行包装。

经典拼配茶（classic blends）

几个世纪以来，不同国度的饮茶人已经根据自己的喜好生产出不同风味的拼配茶。例如，英国人总是喜欢在早上喝一杯味道醇醇的浓茶来提神。所以传统的英式早餐茶，味道浓郁醇厚，汤色暗红。这种风味特质是由拼配师按一定比例、选取不同产地的几种红茶混合而成的。

英式早餐茶（English breakfast）

尽管名字叫英式早餐茶，但它的首次亮相却是在 19 世纪的美国纽约。刊登在《商业杂志》上的一篇文章解释了来自赫尔的英国药剂师理查德·戴维斯是如何在纽约创立了一家小型茶叶公司，并于 1843 年用中国工夫茶、花白毫和包种茶制作成一种新的拼配茶。他把这个茶称为"英式早餐茶"，并以每磅 50 美分的价格售出。这种茶一经推出，广受欢迎，随着市场需求不断增加，其他零售商也调配出了自家的英式早餐茶，如今这种拼配茶已驰名世界。

在英国，传统的英式早餐茶是由阿萨姆邦茶（取其温润、爽滑的滋味）、斯里兰卡茶（取其橙红、鲜活的色泽）和肯尼亚茶（取其浑重、浓艳的风味和色泽）混合而成。然而，一些美国的茶叶公司仅使用中国的祁门红茶作为混合茶的基本成分。选用何种原料制作拼配茶，很大程度上取决于个人的喜好。

爱尔兰早餐茶（Irish breakfast）

爱尔兰的饮茶者平均每天喝四杯半茶，而且爱尔兰人传统上偏爱类似英国早餐茶的浓茶和深色茶。不过，爱尔兰的拼配茶原料通常以肯尼亚茶为主，有时还有来自印度尼西亚的红茶。调配者之所以选择这些茶，是因为它们和牛奶很搭配。

印度早餐茶（Indian breakfast）

这种拼配茶由大吉岭或尼尔吉里的茶与阿萨姆邦茶两两拼配而成，或是来自这 3 个地区的茶共同拼配而成。这种茶往往比英式早餐茶清淡，散发着独特的果香，颜色浅绿并略带涩味，有着大吉岭茶的典型特征。

格雷伯爵茶（Earl grey）

格雷伯爵茶是世界上最受欢迎和最著名的风味拼配茶。这种茶传统上是由中国红茶和佛手柑精油拼配而成。一些茶叶公司现在直接售卖绿茶、乌龙茶、红茶和脱咖啡因的格雷伯爵茶。

关于这种著名的拼配茶从何起源，多年以来流传着各种版本，它们无一例外都和厄尔·格雷伯爵（1830—1834年英国首相）有关，但其真实性无法得到证明。其中有这样一个版本：据传在格雷伯爵担任首相期间，一名出访中国的英国外交官救了一名中国官吏的性命。为了感谢他的救命之恩，这个中国

查尔斯二世格雷伯爵（1833年，由大英博物馆提供）

人把这种茶的配方送给了他。回到英国后，这名外交官就把配方上交给了首相。而在另一个版本中，是伯爵自己拯救了这名中国贵族。还有一种说法，称这种茶的配方是格雷伯爵在成功结束访华时，中国方面作为礼物馈赠给他的。然而，在过去的几个世纪里，尽管中国人自己也生产各种拼配茶，但是佛手柑却从未在任何配方中被记载过。所以这些丰富多彩的传说可能只是一种聪明的营销策略。

俄罗斯商队茶（Russian caravan）

这种来自中国的传统拼配红茶，因其轻微的烟熏香气而被人们铭记。拼配师拼配这种茶时，试图重现当年骆驼商队从中国北部边境运到莫斯科的红茶的味道。17世纪起，中国开始加工红茶，并出口到遥远的俄罗斯、美国和英国等国家。这些红茶在加工时，要用当地产的松木作燃料，在大型烘笼中生火烘干茶叶，茶叶因此染上了淡淡的烟熏味。俄罗斯商队拼配红茶中通常调剂有少量正山小种。

拼配下午茶（afternoon blend）

拼配下午茶通常是由斯里兰卡和印度的红茶拼配而成，有时还会加入茉莉花或佛手柑进行调味。有些从事茶叶拼配和付制的公司偏爱口味清淡的下午茶，并把大吉岭茶、中国茶（包括台湾地区的茶）作为拼配原料的主要成分。

自制（独家制作）拼配茶（own or house blends）

拼配茶可以满足不同的口味，适合一天中不同时段或不同场合的需求。成功拼配的茶叶通常要经历实验、品尝、反复尝试和调整的过程。有人喜欢用少许伯爵茶拼配锡兰或阿萨姆邦茶，还有人因为喜爱正山小种的烟熏味，将之加入自己钟爱的英式早餐茶中。选择适合的配方很重要，每一种配料都要能够给成品茶带来独特的口味，且必须搭配完美，而不能相互抵消口味。例如，把来自阿萨姆邦或肯尼亚的滋味浓烈的红茶，与价格昂贵、味道柔和的大吉岭红茶混合在一起，就失去了拼配茶的意义。

无论是调配少量个性化拼配茶，还是商家大量制作独家拼配茶，原料都应该选外形匀齐的茶叶，否则混合后的茶叶会在茶叶袋或茶叶罐中分离，导致冲泡不均匀。所以，锡兰的橙黄白毫适合拼配肯尼亚的橙黄白毫；阿萨姆邦的碎橙黄白毫与锡兰的碎橙黄白毫是完美搭配；正统的 FOP（花橙黄白毫）或大吉岭 OP（橙黄白毫）适配正统的 FOP（花橙黄白毫）或尼尔吉里 OP（橙黄白毫）。

专业评茶师评茶的原因不尽相同。茶叶经纪人评茶的首要目的是评估它的价值，然后推到拍卖场进行拍卖；茶叶公司的二级经销商评茶，是为了挑选出满足消费者需求的茶叶，同时也是为了制作不同需求的拼配茶。

全球各地的茶叶评鉴都是按照严格的国际统一标准执行的。审评茶叶品质要在相同的条件下进行，多种茶样应同时冲泡，浓度相同，用水量一致，泡煮时间一致。评茶人评茶的主要依据是干茶的外形、叶底、汤色、滋味和香气。

茶叶评鉴过程按照国际协议文件 ISO 3103 标准执行。所需设备包括：

· 审评杯，有两种尺寸（150 毫升和 310 毫升）；

· 跟审评杯配套的白瓷审评碗（200 毫升或 380 毫升）；

· 烧水壶；

· 用于装干茶的审评盘；

· 温度计，温控水壶，或茶炉；

· 定时钟。

将茶样倒进审评盘里，贴好标签，然后将贴上标签的审评盘依次摆放在干评台上。不同茶样取同等重量（按照每 100 毫升水 2 克干茶的标准），小

加尔各答（Calcutta）塔塔公司（Tata Corporation）的茶叶审评师每天早晨要在审评室中审评多达 400 款茶样，以便为公司在即将举行的拍卖会上竞标这些茶叶提供参考价格

心地倒入一个有特殊盖子的审评杯中。评鉴红茶需在审评杯内倒入沸水，绿茶则倒入温度稍低一点的水。设置计时器，当茶叶浸泡 5 ~ 6 分钟（某些绿茶的浸泡时间可能会更短）后，将杯中茶汤通过杯口的锯齿状缺口倒入审评碗里，叶底由杯中倒扣在杯盖的内面。审评时，如需加奶以测试茶汤与牛奶是否搭配，在倒入牛奶之前，将茶汤冷却至 145 ~ 175 ℉（65 ~ 80℃）。在大号碗里，需加入 5 毫升的牛奶；在小一点的碗里，只需加入 2.5 毫升牛奶。

然后，评茶师用茶匙取适量茶汤，啜吸入口，然后将茶汤含在口中，在舌头上循环，让茶汤充分接触味蕾，并传到口腔后部。在那里，茶的香气随着呼吸蔓延至鼻腔。口腔和鼻腔的味觉感受器可以让品尝者全方位评估茶的香气和滋味。然后将茶汤在嘴里来回滚动，吐在工作台旁边的吐茶筒里。最后记录下每一种茶的特征和属性。

在过去的 50 年里，茶叶贸易发生了根本性的变化。伦敦曾一度是茶叶贸易的中心，大量茶叶从中国经海路运到伦敦，在伦敦的拍卖场再转手卖给国际买家。1679 年 3 月 11 日，在英国伦敦举办了第一次茶叶拍卖会。到了 18 世纪中期，进口的中国茶按季度定期拍卖。1706 年，拍卖会在伦敦利德贺街克雷文勋爵（Lord Craven）的房子里举行，这就是后来英国东印度公司的总部——东印度大楼（East India House）。茶叶拍卖按照"蜡烛拍卖"（Candle Auction）的方式进行，在竞价开始时，先点上一支标有英寸的蜡烛，当一英寸的蜡烛烧掉时，拍卖槌落下，宣告拍卖销售结束。1834 年，拍卖中心搬迁到东印度大楼附近民辛巷内新建的商业大厅，随后又经历了数次搬迁。由于

茶业消费和销售新模式的冲击，加之茶叶生产国有了自己的拍卖场，伦敦茶业拍卖中心于 1998 年宣告歇业停拍。

1861 年，印度在加尔各答举行了第一次茶叶拍卖。现在印度在加尔各答、古瓦哈蒂、西里古里、科钦、库纳努尔、哥印拜陀、杰尔拜古里和阿姆利则都有拍卖中心；斯里兰卡的茶叶拍卖中心于 1883 年在科伦坡建立；吉大港拍卖行于 1949 年开业，出售孟加拉国茶叶；肯尼亚的内罗毕拍卖中心始建于 1956 年，1969 年迁至蒙巴萨（蒙巴萨拍卖中心出售来自乌干达、卢旺达、布隆迪和坦桑尼亚的茶叶）；马拉维的林贝拍卖中心于 1970 年开办；雅加达的印尼茶叶拍卖行首次交易则是在 1972 年。日本的茶叶拍卖会在静冈县、京都和鹿儿岛举行。中国香港地区的茶叶拍卖始于 2013 年。

在举行拍卖之前，茶庄和茶园先将自己生产的茶叶样品送到潜在的客户手中，让他们先行品鉴自己想买的茶叶，然后在拍卖会上按正常流程竞价购买。所有参与拍卖的人都已经品尝过茶样，因此，茶叶本身不会出现在拍卖会上，所有的拍品仅在拍卖目录上列出即可。拍卖完成后，茶叶会直接从加工厂发往买方的仓库。

1982 年开始了离岸拍卖，集装箱装运的茶叶还在海上运输途中就已被售出。而在潜在客户决定是否购买整箱茶叶之前，茶叶样品就已经以常规方式寄至客户手中。

电子拍卖（electronic auctions）

印度茶叶委员会（the Tea Board of India）在 2004 年引进了电子拍卖系统，如今在加尔各答、西里古里、古瓦哈蒂、科钦、哥印拜陀和库纳努尔的拍卖中心都在使用电子拍卖系统。这个系统对茶叶生产商、茶叶仓库、拍卖商和买家开放，便于开具发票、茶叶交易和发货；肯尼亚在 2015 年也引入了电子交易。

私人定制（private contracts）

拍卖的优点是公开竞价，贸易商可以清楚地了解到，哪些公司以什么价格购买了哪种茶叶。因此，拍卖一直都是茶叶贸易的一种重要方式。但是今天，随着电子邮件和手机提供更快更便捷的即时交流，拍卖在茶叶贸易中的重要性逐渐降低。如今，茶叶交易更多的是在私下里进行。茶叶经销商可以从个体厂家手中直接订购茶叶，生产与销售的密切合作确保他们随时都能订到他们所需的产品；而生产方可以更快地拿到货款，茶叶的周转速度也会更快。

茶叶期货（forward crop contracts）

如果茶叶公司想应对其正常购买模式下的任何干扰（例如，某特定产地的茶叶可能会因该国政治动乱、经济混乱或反常天气而出现供货紧缺），买方可以提前预订所需的茶叶量。生产商则根据合同按期完成加工，并告知对方提货时间。对于此类交易方式，茶样的审评方法和其他类型的茶叶贸易是一样的。

现货购买（spot buying）

如果在产茶季没能从厂家采购到足量的特定茶叶，经销商可能需要从其他商家或者批发商那里寻找更多的货源。用这种方法，购买的茶叶价格更高，所以不到万不得已，商家一般不采用现货购买。

增值茶（value-added teas）

有些茶园不仅通过拍卖中心批量出售茶叶，还以茶包、袋装茶或者罐装茶的方式销售增值茶。茶园将这种包装好的茶叶直接发售给客户——可能是连锁超市，也可能是跨国代理商。产品一般包括本地产的拼配茶和一系列的调味茶。

这种趋势的合理性在于，投资茶叶装袋和包装机械，并采用这种新的包装方式进行销售，可以更好地向消费者推广某一产地的特定的茶叶品种，并有效调控当地茶叶的销售方式。当茶叶生产国或地区将其茶叶批量销售给某一消费国时，这些茶叶几乎都是和其他产地的茶叶混在一起销售。于是，茶叶的独特性就消失了。而单一产地的茶叶，为世界各地的饮茶者提供了一个了解和享受来自不同产地的不同茶叶的特性的机会。

同时，增值茶也会增加个体生产者的利润。例如在今天的肯尼亚，肯尼亚茶叶发展局（Kenya Tea Development Agency）除了生产 CTC 红碎茶，现在也生产少量的正统红茶，一些优质茶的生产商如今将少量的茶（一次 2 ~ 3 箱）直接卖给一些小公司，而不是把所有的茶叶都拿去拍卖。

几个世纪以来，茶叶的包装经历了重大变化。明朝之前，中国的紧压茶是用竹篾、干草或芭蕉叶包装起来运输的，而饼茶、团茶和砖茶的形状、品质和滋味都得以有效保持。然而，明代开始盛行的散茶，对包装提出了新的要求。敞口的竹篾已经派不上用场，陶罐和漆器盒也因为太笨重而不实用。于是，茶箱便应运而生。

便宜的茶叶放在用蜡纸、宣纸和竹纸做内衬的竹箱里，而更贵重更精致的茶叶则被装在漆器箱里。使用这种方法，中国商人可以历经 18 个月的

19世纪，日本茶商有时会把他们运往美国的绿茶和乌龙茶装进瓷坛里进行运输。这些茶被称为瓷器茶

旅程，远渡重洋，把他们的茶叶安全运到欧洲，而不用担心质量受损。后来，人们逐渐将运输茶叶的箱子改造成为密封箱。茶叶箱的衬里从各种纸张，发展到铅制衬里。因为铅危害健康，于是后期又改用铝箔或锡箔作衬里。

19世纪晚期，日本茶商进一步优化茶叶包装，把他们运往美国的绿茶和乌龙茶装在高高的瓷坛里以确保运输安全。在从日本横滨到美国旧金山的18天航程中，密封的瓷坛足以防潮。美国茶叶商称这种茶为瓷器茶。

如今，茶叶箱只用于盛放昂贵的大叶种茶树加工的茶叶，因为它们很容易被压碎，在运输过程中尤其需要小心保护。茶叶箱的制作原料通常是生长在茶园茶树之间的遮阴树木。这些为保护茶树不受强烈的阳光照射而种植的树木，需要不时地砍伐和更换。树木的这种循环利用使得茶叶成为一种符合环境伦理的商品。现在，有的生产商使用衬箔的盒子或纸箱代替木箱来盛放易碎的大叶种茶叶，这些包装盒的大小和形状各不相同。对于叶子较小的品种，箱子和纸盒通常被纸袋所取代。纸盒由几层硬纸板和铝箔内里制成，足够坚固，用这种纸盒进行包装，茶叶香气不易挥发，既防潮，又防异味影响；纸袋没有标准尺寸，但通常使用的纸袋可以装44～110磅（20～50千克）的茶叶。

　　几个世纪以来，零售茶叶的包装也发生了巨大变化。在欧洲，早期的消费者购买少量茶叶放在纸筒里。商人们出售的有纯茶叶，也有根据客户需求制成的拼配茶。19 世纪，随着茶叶市场扩大，经销商之间的竞争日益激烈，散茶的外包装上开始标注商家品牌。个体茶叶公司将茶叶按照特定重量进行包装，并在茶叶盒和茶叶袋上印刷东方风格的绘画以吸引顾客。今天，茶叶被包装成各式各样，有箱装、罐装、小盒包装、硬纸盒包装、礼品盒包装、箔袋装、真空袋装和瓷质罐装等。

茶叶储存 Storing Tea

　　茶叶品质易受湿度、空气和光照影响，茶叶从离开烘干机出厂的那一刻起，就必须小心储存，这一点极其重要。因此，生产商必须将已烘干和拼配好的茶叶立即装袋或装箱，密封起来；而批发商则必须确保袋装或箱装茶叶密封完好，仓库需阴凉、干燥；零售商同样也需要一个清洁、干燥、阴凉的储物空间来存放备用的库存茶叶，并把密封包装的各种待售茶叶放在货架上。茶叶包装的密封性能好（最好是双层密封），才能保证顾客买回家的茶叶保鲜、防潮。

　　在家里，最好把盒装或袋装的散茶和茶包转移到密封的容器中储存。带密封盖的茶叶筒或茶叶罐是首选，因为它们可以有效防潮、防异味。在开放式货架上用密封玻璃罐存放茶叶并不理想，因为阳光会使茶叶内部的化学成分发生变化，从而降低茶叶品质；反之，如果把茶叶罐放在避光的橱柜里，茶叶就能保存完好。另外，茶叶不应该放在冰箱里，因为总是会有水或水汽

蒙特利尔丽斯卡尔顿酒店下午茶场景

进入包装。唯一的例外是日本抹茶——日本茶道中使用的粉状绿茶，这种茶不易保存，少量的抹茶是装在真空密封的容器中出售的，而在日本，这种容器通常存放在冰箱中。

　　调味茶的储存更是需要格外小心，因为添加的调味料味道浓烈，旁边存放的其他茶叶很容易吸附异味。从茶叶罐或茶叶袋中取茶叶泡水时，也要确保使用的茶匙、茶则是绝对干燥的。即便茶匙上有一点湿气，都会使袋中和罐中茶叶的湿度发生变化，从而对茶叶的品质和风味造成破坏性影响。

17世纪初的中国茶罐上印有手绘图案。在当时，茶叶运往欧洲需历时一年，茶叶罐在漫长的运输途中为茶叶提供了有效保护

冲泡方式选择 Brewing Tea

　　选购茶叶时，买袋泡茶还是散装茶叶是最重要的选择之一。很多人喜欢袋泡茶，因为它们冲泡起来更方便，也不存在如何处理茶渣的问题。

　　近年来，袋泡茶发生了巨大变化。在金字塔形的纱布茶包（棕角包）发明之前，大多数茶包都是用纸做的，有单囊或双囊两种，袋口是钉起来或用胶封起来的。虽然市场上仍旧可以买到这种茶包，但这种茶包不太受欢迎；它们通常价格低廉，茶叶质量也比较差。而现在的日本扶桑（Fuso）技术可以将大片茶叶装入蚕丝、尼龙或玉米纤维纸（soilon，一种由可生物降解的玉米淀粉制成的可生物降解织物）制成的茶袋中。这些袋泡茶更环保，为茶叶节约了更多的冲泡空间，而且远比纸袋更受欢迎。这种薄纱织物还可以让消费者直接看到茶叶原料——这是吸引人们尝试新茶的重要因素。这些茶包还能增加消费者对不同茶叶种类和不同叶型的了解。现在一些专业茶叶公司提供一系列的金字塔形薄纱茶包供咖啡厅、餐馆和咖啡店使用；在这些地方，茶叶的用量控制和便利性在泡茶的过程中仍然至关重要。

袋泡茶的优点

- 一袋一杯，冲泡容易；
- 快捷方便；
- 当冲泡到合适浓度时，茶包即可取出；
- 无须处理茶叶残渣；
- 适用于冲泡多份茶水。

金字塔形薄纱茶包的优点

- 扶桑（Fuso）技术使大块的传统茶叶和草药可制成金字塔形茶包；
- 金字塔形茶包体积小，能为泡茶节约更多空间。

大多数纸质茶包的缺点

- 选用原料有限，并非所有散茶都有袋泡茶；
- 通常选用碎茶作原料，冲泡速度快，但往往口感欠佳；
- 纸质茶包通常占据了过多沏茶空间；
- 茶袋的材质阻碍茶的味道充分溶入水中；
- 袋泡茶的风味和品质比散茶更易丧失；
- 大多数纸制茶包只能装小叶种的茶叶。

 散茶的优点

·消费者可以随意选择世界各地、各种各样的茶叶；

·消费者可以自行决定泡茶时茶叶的用量；

·度量茶叶用量是传统泡茶仪式的重要构成部分；

·消费者可以根据叶底的外形、香气以及茶汤的滋味来评估茶叶的品质。

泡茶之水 Water for Tea

　　一壶茶有 98% 是水，泡茶用的水直接影响到茶叶的香气、茶汤的色泽和纯净度。如果水不够好，茶的味道可能平淡无味；而同样的茶叶，换用不同的水沏出来，茶汤也许更加明亮、清澈、香气四溢。水中矿物质和其他化学成分，如氯和氟离子，以及氧气的含量，对茶叶品质有较大的影响。理想的泡茶用水是 pH 值为 6.7 或 6.8 的酸性水，溶解性固体总量（total dissolved solids，TDS）值在每升 150 毫克左右。

　　为了去除水中的溶解物质，如氯离子、溶解性重金属离子、沙子、黏土、铁锈、灰尘、各种矿物质、细菌、花粉、杀虫剂和其他污染物，自来水需要经过过滤。在家庭或办公室里，使用过滤器是一种去除杂质的简便方法。可以在厨房的水龙头上安装一个简单的过滤器，也可以在柜台下安装两级过滤器。

　　餐饮用水还可选择其他的一些过滤手段，包括使用树脂、碳过滤器和反

渗透（reverse osmosis，RO）技术，但适用情形各不相同，具体情况应咨询相关专家。阳离子树脂与碳混合，可以软化水质，有效防止水中矿物质结块结垢；碳过滤器可以去除水中的氯、重金属，并清除污色，但不能降低水的硬度；反渗透技术能够去除微量元素，降低水的硬度，但过滤后的水太过纯净，导致泡出来的茶水无法展现茶叶的全部特质与风味。因此，好的品茶用水要通过安装在系统上的滤芯保留对人体有利的矿质元素。

茶圣陆羽推荐用山泉水泡茶，因为山泉纯净、新鲜、含氧量高。最差的水是那些放置过久的"死水"，用其冲饮，茶汤暮气沉沉，毫无茶韵灵动之美。

沏茶之具 Equipment for Preparing Tea

西方国家今天使用的茶壶，是起源于当年随运茶的商船一起从中国出口到欧洲和北美的小圆壶，并在此基础上发展而来的。咖啡壶的壶身总是较高，而且通常是直边的，而茶壶则一直是低矮的蹲伏状。早期进口到欧美的茶壶很小，因为中国人当年使用的茶壶就是那样的，事实上，今天的中国人使用的茶壶仍然是这种式样。但是18世纪和19世纪，随着欧洲茶叶价格的下降，茶也日渐成为一种日常饮料，出现了一些容量较大的茶壶。

最好的茶壶是由上釉的炻器、陶器、日用瓷器或玻璃制成的。银制茶具自17世纪晚期以来一直很流行，但银器未必是最好的泡茶器皿：它会残留前一次泡茶的味道，所以每次使用后都需要进行非常仔细的洗涤和漂洗。

内胆上釉的茶壶可以用洗碗机或用普通的洗涤剂手洗。但是，为了确保下一次使用时，茶汤的味道不会被皂类残留物污染，一定要彻底冲洗茶壶。为了让茶的味道和香气更好地充盈茶壶，用茶匙舀 1 勺干茶叶进去，盖上壶盖，让它静置在内。然后，在下一次使用之前倒空干茶叶即可。

去除茶壶内壁和壶嘴上的茶渍，可以量取两大勺小苏打倒入其中，然后在壶中倒满沸水，浸泡一夜。最后将茶壶冲洗干净并干燥。如果使用了其他清洁剂，一定要在下次泡茶前把茶壶冲洗干净。

宜兴茶壶

中国宜兴因出产彩色黏土和紫砂壶而闻名。自 16 世纪以来，这座中国滨湖小城的陶艺工匠们，就一直以房屋、莲花、南瓜、僧侣、四方盒、竹节、龙、水果、蔬菜、人物、建筑等为原型，手工制作了各式各样、巧夺天工的精美无釉茶壶，据说宜兴壶是最好的泡茶容器，而且因为壶的内部没有上釉，所以每款壶只能固定用来泡一类茶。随着时间的推移，茶壶吸收茶叶的味道，并在内壁形成一层"茶锈"，久而久之，沏茶的效果会更佳。因此，宜兴茶壶不能用洗涤剂清洗，只能简单地冲洗并晾干。

冲茶器和柱塞式茶壶

如果茶叶在沸水中浸泡的时间过长，茶的味道会很糟糕，所以很多茶壶都配有专门设计的活动泡茶内胆（篮式，过滤茶水），可以随时取出。茶壶上也可以装一个柱塞（类似法国压榨机上的柱塞）用来控制浸泡时间，茶一旦泡好，茶叶即可与茶汤分离。

在选择带有内胆冲茶器的茶壶时，要确保冲茶器的内胆足够大，能够给茶叶足够的空间翻腾起伏、充分舒展，并将色泽和滋味溶入茶汤中。此外还要检查茶壶的设计是否合理，无论冲茶器的内胆是嵌在茶壶内，还是从茶壶里拿出来的时候，壶盖都必须与壶口吻合。如果选择柱塞式茶壶，要确定柱塞是否真的能把叶子和水分开。只要还有一片茶叶与水接触，茶的滋味就会继续受其影响。

冲茶器

冲茶器的材质有塑料、金属、织物和纸，它们可以从茶水中轻松分离茶叶渣。铝材不适合用于制作冲茶器，因为它会影响茶的味道，但铬、陶瓷、尼龙、塑料和本色纸都是很好的材质——只要把它们设计成适合的大小，都可盛泡茶叶。冲茶器的设计要适应壶底大小，便于操作，而且要方便取出。

冲茶器在市场上也很常见。它们就像一个小茶壶，常在工作场所或厨房作为茶壶的替代品。

盖碗

盖碗是一种传统的中国茶具，由一个有盖但没有柄的深碗和一个茶碟组成。取一定量的散装茶叶放入盖碗中，加水，盖好盖子，让茶叶充分浸泡。用盖碗喝茶时，要小心地倾斜杯盖，撩拨茶叶，将其留在盖碗内。

日式茶碗

在日本茶道中，人们用粗糙的手工陶瓷大碗泡茶。日式茶碗的制作方式沿袭了约 1200 年前日本人刚开始喝茶时的茶碗制作方法。这些碗被认为是从高丽的饭碗发展而来的；由于当时日本的陶工大多来自朝鲜半岛，高丽碗的风格就融入了日式茶碗。茶碗必须有适当的厚度；如果碗壁太薄，就会因为烫手而端不起来，而且可能会导致茶凉得太快。反之，碗壁太厚会使得茶碗不够热，影响泡茶效果。

茶炉

有些公司专门出售玻璃或金属的茶炉，它们可以让沏好的茶保持适宜的温度。茶炉温度不能过高，用小蜡烛加热茶炉（通常被称为茶灯或茶烛）非常理想。然而，用这种方法保温，茶叶会慢慢变质。如果茶叶还在茶壶里，千万不要把茶壶放在这种特制的茶炉上继续加热，否则茶汁会继续浸出，茶汤也会变得苦涩。

茶壶套

茶壶外面布制的茶壶套能够有效保温，但如果茶叶还浸泡在茶壶里，就不要使用，否则茶叶会产生一种难闻的熟味。

茶匙 / 茶则

作为成套茶具的辅助品，茶匙 / 茶则用于将茶叶从茶叶罐或包装袋舀到茶壶里。理想的茶匙或茶则每次可以舀约 2.5 克（0.09 盎司）茶叶，对大多数茶来说，最完美的比例是 2.5 ~ 3 克（0.09 ~ 0.10 盎司）的茶叶配 6.5 ~ 7

液体盎司（190～200毫升）的水。这个比例根据茶的种类和个人口味会有所不同。

烧水壶和茶炉

传统的烧水壶会将水加热到沸点，但现在有一些烧水壶和茶炉可将水温控制在沸点以下，使之适合冲泡绿茶、黄茶、白茶和乌龙茶。有的茶炉设计有"高""中""低"三个温度挡位，而最高级的茶炉能够精确地控制水温，从50℃往后，以每5℃递增，直到沸点。

形状各异、大小不一的各式茶壶在伦敦考文特花园的茶馆里正等待着顾客的选购

电子秤、温度计和计时器

为了精准地测量所需的茶叶量，可以使用小巧便携的电子秤。茶温度计和茶计时器（计算秒和分，而不是像炊具计时器那样计算分和小时）对泡茶效果很有帮助。

不同的茶叶品类、不同国家的茶文化传统，造就了不同的泡茶方法。但所有的方法均表现了对茶的尊重。

用茶壶泡红茶

1）根据茶杯数量，选择合适大小的茶壶。

2）在烧水壶或平底茶壶里装满新鲜凉水，煮沸。

3）水壶内的水即将沸腾时，倒一点到茶壶里，温一下茶壶，然后把水倒掉。

4）量取散茶或选取足够数量的茶包（按一袋一杯）放到茶壶里，当水壶里的水快要沸腾时，把水浇注在茶叶或茶包上。茶泡好后，就可以尽早把茶叶从茶汤中取出。每 6.5~7 液体盎司（190~200 毫升）水可冲泡 2.5~3 克（0.09~0.10 盎司）茶叶。

5）把茶壶盖盖好，调好计时器，设置泡茶用时。对于小叶茶，可以设置 2～3 分钟。对于大叶茶，根据个人口味，可以泡 3～5 分钟。

6）计时器时间一到，即可将盛有茶叶的冲茶器从茶壶中取出，倒掉泡过的茶叶。如果没有使用冲茶器，则立即把所有的茶汤滤到杯子里或另一个热茶壶中保温。冲泡完成后即丢掉茶渣，如果茶叶的品种适合进行两次甚至三次冲泡，那就添加更多的水，并冲泡足够的时间。

7）用茶烛煨热茶壶，给茶壶保温，或者给茶壶盖上保温茶罩。

用盖碗泡普洱茶

多数普洱茶最多可冲泡 9～10 次，因此，尽管这种茶叶可能非常昂贵，但它确实物有所值。

1）将新加的冷水煮沸后，倒入盖碗进行温碗。

2）将 3～5 克（0.1～0.18 盎司）的茶叶放入盖碗中，加入 7 液体盎司（200 毫升）沸水。浸泡 10～20 秒，然后过滤出茶汤。再次加水，重复上述操作，最多 10 次，浸泡时间依次略减。

用茶壶冲泡绿茶

参考泡红茶的步骤进行，但不能用沸水直接冲泡绿茶。因为绿茶适合稍低的温度，所以要使用可控制温度的水壶，或将沸水从水壶、瓮或蒸馏器中倒进空茶壶中，稍稍冷却后再冲泡茶叶。泡茶之前，先用温度计检查一下水的温度，冲泡绿茶的理想温度为 122～167 ℉（50～75℃），具体取决于冲泡的茶叶品类。

冲泡绿茶需要的时间各不相同。大多数中国绿茶需要在 158～167 ℉（70～75℃）的水中浸泡 3～4 分钟，而日本茶冲泡速度很快，只需要冲泡 1～2 分钟或更短的时间，就需要将茶叶取出。日本一些最昂贵的绿茶，需要按照这样的时间长度在 122～140 ℉（50～60℃）的水中进行冲泡。

白茶的冲泡

白茶的冲泡时间各不相同。有的需要 4 ~ 6 分钟，有的可能需要 10 分钟。中国白茶一般第一泡需要 5 ~ 7 分钟，之后的冲泡时间需稍稍延长。大吉岭的白茶通常只需 3 ~ 5 分钟。

有些白茶可冲泡的次数比其他品种要多。高品质的银针最多可冲泡 5 ~ 6 次，每一泡都有着独特的风味。而大吉岭白茶仅可以冲泡 2 ~ 3 次。

1）像冲泡乌龙茶一样，先将新鲜的冷水煮沸后冷却，以免将茶叶烫熟焖烂。温度以 176 ~ 185 ℉（80 ~ 85℃）为宜。

2）量取适量的茶叶放入茶壶、玻璃杯或盖碗中，2 ~ 3 克（0.07 ~ 0.10 盎司）茶叶适合泡 6 ~ 7 液体盎司（190 ~ 200 毫升）的水。

3）倒入热水，盖上茶具的盖子，泡 3 ~ 10 分钟，具体时间取决于茶的品类。

4）泡好的茶汤滤出后，续水再泡。

中国盖碗

盖碗适合冲泡白茶、绿茶和乌龙茶。

1）首先冲洗茶叶。量取适量茶叶放入盖碗中，然后按照茶叶的品类倒入温度适宜的热水。用碗盖挡住茶叶，把水滤掉。然后打开碗盖，可以嗅到茶叶的香气。

2）顺着茶碗内壁重新注入热水，不能直接浇在茶叶上。茶叶会在水中旋转翻腾。

3）盖上盖碗，让茶叶泡上合适的时间：乌龙茶 1 分钟，绿茶 3 ~ 4 分钟，而白茶冲泡时间取决于具体的品种。

4）喝茶时，将杯盖、杯身、杯托三者一起举起，舒适地放于右手掌心，用拇指按住杯身。准备品饮时，先用左手的拇指、食指和中指提

居延·韦伯斯特
（Juyan Webs-
ter）在她位于伦
敦波多贝罗路
（Portobello Road）
的中国茶叶公司的
商店里用盖碗泡茶

起杯盖，将其倾斜，这样就能将茶叶挡在杯中。在喝茶时，拇指抵住鼻子的位置，以防止杯身倾斜得太大。这样做的好处可以防止盖碗中茶水被完全倒空，用盖碗喝茶必须在碗中还余有一些茶水时就要续水。

5）只要茶叶还能继续冲泡，就可以不断续水。

中国工夫茶冲泡指南

冲泡工夫茶时，一次量取的茶叶量可快速制备几种茶饮，每一泡都有其独特的风味。工夫茶应使用宜兴的小茶壶来进行冲泡。另外准备一个茶壶用于盛放滤过的茶汤，还需要高大的垂肩闻香杯、浅口小茶盏和一个盛放茶具的防水托盘（防水是因为冲泡过程中，需用沸水冲淋托盘上的各种茶具）。在传统的工夫茶整套茶具中，托盘自带排水装置。

1）首先将热水倒入小茶壶中温壶，然后倒掉热水。

2）用这种方法冲泡黑茶、乌龙茶和普洱茶时，先要洗茶（润茶），为冲泡过程做准备。每6.5~7液体盎司（190~200毫升）热水需要2.5~3克（0.09~0.10盎司）茶叶。倒入半壶热水或沸水，然后盖上壶盖，将第一泡茶水倒掉。对于绿茶，可省去这一步骤。

3）倒热水以温茶盏，然后将水倒掉。

4）向茶壶中添加更多的水，盖上壶盖，然后再往茶壶上浇热水。乌龙茶大约需要冲泡1分钟，绿茶需要2~3分钟，红茶大约需要3分钟。

5）泡好的茶汤立刻过滤茶渣倒入另一个茶壶里，然后再将其倒入闻香杯中。

6）将一个小茶盏倒置在闻香杯的顶部，并小心地将其翻转，使茶汤流入茶盏。然后就可以用茶盏啜吸品茶，用闻香杯品味茶香。

7）向茶壶中续水，进行第二次和第三次冲泡。

日本绿茶的冲泡

冲泡优质的煎茶时，请选择一个小茶壶和一个小茶碗。

1）将新鲜的冷水烧开，倒入茶壶、茶碗中。静置30~40秒，倒掉。

2）量取约两茶匙的茶叶放入茶壶中，倒入约7液体盎司（200毫升）167℉（75℃）的热水。

3）让茶叶浸泡1~2分钟。在温热过的茶碗中依次倒入少量茶汤，然后再用茶壶逐个添满，这样每碗茶的滋味就会相对均匀。

4）茶壶里添加更多的热水，将煎茶再浸泡3分钟，进行第二次冲泡。第二泡茶汤的滋味比第

一泡稍淡。

对于质量较低的煎茶，冲泡水温大约为 176 ℉（80℃），茶叶浸泡时间为 30～60 秒。对于番茶（Bancha）、焙茶（Houjicha）和 玄米茶（Genmaicha），建议使用较大的茶壶，并在 176 ℉（80℃）的热水中浸泡 1.5 分钟。对于玉露茶（Gyokuro），建议使用 122～140 ℉（50～60℃）的热水冲泡，以不超过 2 分钟为宜。如需续水，则第二次冲泡时间为 30 秒至 1 分钟。

日本茶道的备茶

传统的日本茶道中使用的茶呈绿色粉末状，称为抹茶（Matcha）。为了准备抹茶，需要一个茶碗，一个茶杓（chashaku）和一个竹制的茶筅（chasen）。如果没有这些工具，建议使用茶匙和金属打蛋器。

1）将水烧开，然后冷却。

2）在碗中注入一些热水，将茶筅放入水中加热。几分钟后，将水倒掉，取 1.5 茶杓或 2/3 茶匙抹茶加入碗中。

3）倒入 1/4 碗的稍微冷却的水，水的最佳温度为 158～176 ℉（70～80℃），然后用茶筅轻拂搅匀，直到茶汤表面出现细碎泡沫。

4）碗里茶汤打出沫浡后，即可饮用。

茶伴朝夕 Teas throughout the Day

如今，种类繁多的茶品可以让每个饮茶者根据自己的口味、一天中喝茶的时间、所用的食物、当日的心情、当时所处的季节或天气来选择合适的茶饮。爱茶之人都喜欢喝早茶，也喜欢在阴冷的冬日下午坐在火炉旁品上一杯香茗，或者在精美的晚餐后享用一杯晚茶。但是对于什么时候应该喝哪种茶，并没有严格的规定，下面列举的是一些建议性的指导原则。

早晨起来第一件事，或者在进早餐时，可以选择一杯香浓的红茶，如英式早餐茶、爱尔兰早餐茶、阿萨姆红茶、肯尼亚红茶或云南红茶，茶中少量的咖啡因有助于大脑和机体活跃起来，为一天的工作做好准备。这些茶的强度和浓度完美匹配浓郁的风味早餐，也适合搭配面包点心夹果酱或蜜饯。

中午时分，可选择任何一种早餐红茶或烟熏的正山小种红茶、清淡的锡兰红茶、中国产的祁门红茶和尼尔吉里茶，持续提神醒脑。如果午餐是亚洲美食，可以搭配煎茶、中国产的珍眉或者珠茶。

午后可以转向味道淡爽温和、安神养心的茶，如蜜桃乌龙、果味大吉岭、淡爽锡兰，也可以是任意一款绿茶或是杧果、桃子之类的调味茶。

喝下午茶时，要选择与茶点相搭配的茶饮。伯爵茶与奶酪三明治、风味点心和柠檬蛋糕、蛋挞是最佳搭配；大吉岭搭配任何奶油点心都非常棒，与司康饼和凝脂奶油更是完美搭配；正山小种配熏制三文鱼或烟熏鸡肉三明治也非常棒；清淡爽口的锡兰茶可以提升新鲜水果或者用黄瓜、西红柿及其他沙拉原料做成三明治的口感；浓郁的肯尼亚和英国早餐茶，最好是佐以巧克力蛋糕、浓郁的松露和巧克力芝士蛋糕。

晚间，理想的茶饮包括清淡的乌龙茶、绿茶和白茶。餐后饮用这些茶不仅可以去腻，也可为餐后和睡前提供一个自然雅致、清新舒适的氛围。这些茶也可以不用于佐餐，当结束一天繁忙的工作后，一杯香茗就足于营造一种"浮生有闲"的意境。

加奶茶 Milk in Tea

英国人早期喝茶时不用牛奶调味,茶中加奶这一习俗似乎开始于 17 世纪末。这种习俗得以流传下来,可能是因为人们发现,柔和绵密的牛奶和奶油可以中和茶汤中轻微的苦味。

荷兰人饮用奶茶(他们称为 melk-thee)的习惯,可能是受清朝时期中国人饮茶方式的影响。荷兰旅行家约翰·纽霍夫(Johan Nieuhof)曾记录过自己和茶叶加奶的初遇是在 1655 年中国皇帝为到访的荷兰代表团举办的一次宴会上:"宴会初始,获赐茶水数瓶……此饮品乃以香草或茶叶与清水煎制而成。待水煮沸,汤汁煎至仅余 2/3 之量时,倾入 1/4 之热牛乳,并加盐少许,尔后……趁热饮之。"在法国,塞维尼夫人在一封信中告诉一位朋友,她喝茶时加牛奶,并建议自己的女儿喝茶时加奶加糖。

18 世纪中期,茶中加奶的习俗已开始普及,随后传播到英属的各个殖民地。这种喝茶方式引发了一个新的问题:是把茶倒入牛奶,还是把牛奶倒入茶?问题的答案取决于社会阶层、饮茶的地区和茶的冲泡方式,当然,还有个人口味。有些人认为茶是主体,应该把牛奶添加到茶里,这样更文雅,而且可以有效控制茶汤的颜色和浓度。毕

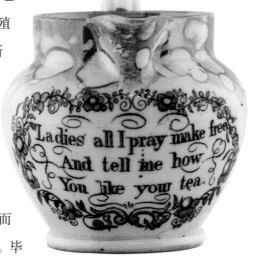

竟，在维多利亚时代，上层社会的茶桌上，是由女主人或仆人把茶倒好端给客人，客人则需要自己动手加奶、奶油和糖。而那些赞成"牛奶优先"的人声称，把茶倒入牛奶里，可以使两种液体更好地融合。也有一种观点认为，如果把冷牛奶倒入煮沸的茶中，牛奶中的乳糖会发生焦化，从而影响茶的味道。20世纪80年代在伦敦帝国理工学院进行的科学实验，证实了乳糖焦化作用的发生，乳糖发生焦化时，牛奶中的脂肪颗粒会漂浮在奶茶的表面。然而，这场辩论并没有简单的答案，饮茶者必定都会自行决定哪种方式更适合自己。

03

茶叶产地名录

下面是一些全球最重要的茶叶生产国和该国家或地区具体的产茶信息。每种茶都列出了干茶、叶底和茶汤的特点，并给出了冲泡建议。这些建议并不是一成不变的，每种茶冲泡时的茶叶用量、水温和冲泡时间都可以根据个人口味进行调整。

威廉·乌克斯在《茶叶全书》（*All About Tea*）中所绘的历史地图划定了"茶的发源地"范围，确信发源地在中国的云南省。

19 世纪殖民时期的澳大利亚，是当时世界上最大的茶叶消费国之一。平均每人每年消费 9 ~ 11 磅（4 ~ 5 千克）的茶叶，而今天的人均年消费量约为 2 磅（0.8 千克）。

澳大利亚最早尝试在本土种植茶叶是在 19 世纪晚期，但是这批茶树后来被飓风和海啸引发的洪水冲走。直到 1959 年，澳大利亚才开始再次尝试商业化种植茶树。

澳大利亚昆士兰州纳诺达公司的茶园

1978 年，新成立的马杜拉茶庄开始在新南威尔士州种植茶树。现在，那儿生长着阿萨姆和中国的茶树品种。茶园里生产的有机茶通常与优质有机锡兰茶和阿萨姆茶混合在一起，拼配出系列红茶、绿茶和调味茶。

纳诺达茶叶公司（Nerada）销售的茶叶产自昆士兰州北部纳诺达山谷的小型茶园。20 世纪 80 年代，该公司的种植规模扩大到凯恩斯高地。这家公司现在隶属于马来西亚的伯敖（BOH）茶叶公司。每年从种植面积为 1000 英亩（405 公顷）的茶园收获 1300 万磅（600 万千克）的茶树鲜叶，然后送至该公司位于格伦阿林（Glen Allyn）的工厂进行加工，生产出来的 330 万磅（150 万千克）红茶，在布里斯班进行包装。

日本的茶叶公司也在澳洲种植茶树，例如，邦太朗（Kunitaro）公司在新南威尔士州、达涅特雷（Danetree）和纽西夫罗（Nucifora）两家公司在昆士兰州、戈登·布朗博士（Dr. Gordon Brown）在塔斯马尼亚种植茶树，而日本的伊藤园（ItoEn）公司在维多利亚州种植茶树。

绿茶

伊藤园澳洲煎茶（ItoEn Australian Shincha）

威廉·莱基（William Leckey）在维多利亚东北部经营着一个 890 英亩的农场，他在那里种植 3 种日本茶：狭山香（Sayamakaori）、薮北茶（Yabukita）和奥光茶（Okuhikaori）。在位于旺加拉塔（Wangaratta）的伊藤园的工厂里，采摘下来的茶叶按照日本的茶叶加工方式，经过蒸青、揉捻、干燥，制成出厂。少部分茶叶贴上双河（Two Rivers）的绿茶标签在澳洲售卖，但大部分产品都是作为澳洲煎茶，由伊藤园公司进行包装和销售。

特征

澳洲煎茶的味道柔滑、口感清爽。其香气让人想起青草和甜椒，不太像茶。

澳大利亚煎茶汤色　　　　澳大利亚煎茶干样　　　　澳大利亚煎茶叶底

冲泡指南

将 0.09 盎司（2.5 克）干叶放入 7 液体盎司（200 毫升）、167 ℉（75℃）的热水中，冲泡 2 分钟。将茶汤滤出后再加水进行二次冲泡。

孟加拉国的茶叶种植始于 1857 年，锡尔赫特（Sylhet）的马尔尼切拉（Malnicherra）是孟加拉国第一个茶园。锡尔赫特北邻卡西亚（Khasia）和简提亚（Jiantia）山脉，南至特里普拉丘陵，地势起伏不平，绵延数英里（1 英里 =1609.34 米），如今已成为 163 个茶园的所在地。

孟加拉国的茶叶年产量现已从 1980 年的 8820 万磅（4000 万千克），增长到 1.46 亿磅（6630 万千克）。孟加拉国主要生产 CTC 红茶，颜色纯正，质量适中，适合做像英式早餐茶这样浓郁的拼配红茶。随着现代化工厂的投产、基础设施的改善，以及茶树无性系品种的改良，这里的茶叶产量还会逐渐增加。

孟加拉国茶叶研究所选育出了一个高产茶树新品种，每英亩的产茶量远远高于其他茶树品种，且这种茶冲泡后味道醇甜。如果孟加拉国所有的茶园都逐渐用这种 BT16 新品种取代现有老品种，那么茶产业将会在该国经济发展中发挥更重要的作用。

2000 年，在孟加拉国北部的班贾戈尔地区（Panchagarh）罗山普尔、特图利亚成立的卡兹和卡兹（Kazi & Kazi）茶庄有限公司，是孟加拉国第一家种植有机茶的茶叶公司。这家公司致力于携手当地社区，共同创建一个可持续、健康发展的产业。工厂创造了新的就业机会，以股份制形式招募了管理培训生，并通过收购茶鲜叶的形式持续扶持当地新建小型茶园。此外，该公司还与孟加拉国文理大学合作，成立了可持续发展研究所（Institute for Sustainable Development，ISD），研究有机农业和生活与发展相结合的整体模式。

卡兹和卡兹（Kazi & Kazi）茶在国际上以蒂图里亚（Teatulia）品牌为商标进行销售，产品包括有机、传统和 CTC 红茶，以及传统的绿茶、手工制作的白茶。

🍃 白茶

≺ 卡兹和卡兹（Kazi & Kazi）有机白茶
特征

干茶外形俊秀，约半英寸长，条索紧结呈针形，披白毫，汤色绵软，带有桃花和油桃的香味。

冲泡指南

将 0.18 盎司（5 克）干叶放入 7 液体盎司（200 毫升）、167 °F（75℃）热水中，冲泡 2 分钟。将茶汤滤出后，再加水进行二次冲泡。如果只冲泡一次，可以将茶叶冲泡 6~8 分钟。

卡兹和卡兹有机白茶汤色　　　卡兹和卡兹有机白茶干样　　　卡兹和卡兹有机白茶叶底

🍃 绿茶

≺ 卡兹和卡兹（Kazi & Kazi）有机绿茶
特征

这种碎叶有机绿茶在冲泡时会呈现迷人的粉色。味道淡雅，带着橘皮和甜秸秆的香味，并混有诱人的甜椒和新鲜草屑的清香。

冲泡指南

将 0.09 盎司（2.5～3 克）干茶放入 7 液体盎司（200 毫升）170 ℉（76℃）的热水中，冲泡 2～3 分钟。

卡兹和卡兹有机绿茶汤色　　　　卡兹和卡兹有机绿茶干样　　　　卡兹和卡兹有机绿茶叶底

红茶

◀ 卡兹和卡兹（Kazi & Kazi）有机红茶

特征

外形令人印象深刻，茶条大而卷曲，茶汤呈金琥珀色，有少许泥土味，带有麦芽和黑莓的甜香。

冲泡指南

将 0.09～0.10 盎司（2.5～3 克）干茶投入 7 液体盎司（200 毫升）、212 ℉（100℃）的沸水中，冲泡 3 分钟。

卡兹和卡兹有机红茶汤色　　　　卡兹和卡兹有机红茶干样　　　　卡兹和卡兹有机红茶叶底

在中国早期茶树栽培史上，有一些由僧侣管护的小型茶园，零星散布在山顶的寺庙周围。中国人一贯认为"高山出名茶"，一些最优质、最有名的茶叶往往就产在这些茶园。

过去，对于人工采摘茶叶有着严格的规定。首先，采摘的时间极为关键，谷雨前的茶叶最好。因为谷雨之后，茶树生长迅速，芽叶逐渐变得粗老。其次，采茶工通常是一些年轻的姑娘，清晨她们披着晨雾，三五成群，结伴走进茶园，采下鲜嫩的芽叶，放进柳条筐里。另外，采茶者必须保持指甲干净，不能吃大蒜、洋葱等有刺激味的食物，以免影响茶叶的品质。茶叶

正在采茶的中国姑娘。采茶人通常是女性，一般认为女性手指纤细，力度小，不会损伤嫩芽

这座中国茶园呈八卦形，八卦在道教宇宙观中用来代表现实的基本原则

在完成加工和包装后，按照加工方法、产地和等级进行分类，然后推向市场，中国市场上销售的茶叶有 8000 多种品类。

中国生产的茶叶品类繁多，主要分布在以下 18 个产茶区：安徽、福建、甘肃、广东、广西、壮族、贵州、海南、河南、湖北、湖南、江苏、江西、陕西、山东、四川、云南和浙江①。茶叶年产量约为 361.6 亿磅（164.03 亿千克），占世界总产量的 35%。

茶树在寒冷的冬季会进入休眠状态，停止生长，到了早春，又开始萌发新芽。中国的采茶季节从每年的 3 月一直持续到 9 月下旬，但最好的茶叶是春季采摘的高山茶。

中国茶叶的命名依据五花八门。有的是结合产地的山川名胜，有的是根据采摘时间和季节，有的可能是按产地的地名命名，还有的按加工工艺进行命名，花茶则是根据窨制的香花命名，还有些茶甚至得名于其起源的传说。更令人困惑的是，因为不同地区有不同的方言和拼写方式，中国人

---

① 译注：实际为 20 个省级产茶区。原文中误将广西壮族自治区分为广西、壮族 2 个地区，同时遗漏了直辖市重庆、西藏自治区和台湾地区。

把西方所说的"black tea"称为"红茶"。

有些茶叶得名可能跟福建的闽南语相关；有的来自广东粤语的发音；还有些茶类的得名来自英语，因为这些茶最早就是以这种名字出口到欧洲的。例如，汉语拼音中"Meigui Hongcha"（玫瑰红茶），指的是粤语方言中的"Mui Kwai Hung Cha"，这种茶出售时通常标注的是 Rose Pouchong（玫瑰文山包种红茶）或 Rose Black（玫瑰红茶）。汉语拼音中的 Tie Guanyin（铁观音），粤语发音为 Tie Guanyin 或者 Tit Koon Yarn，在国际市场上标注的是 Ti Kwan Yin。

每一种中国茶都有自己的名称和相应的等级号，以向顾客表明该茶符合某一特定的标准。一些零售商和供应商还在他们的产品包装上贴牌，表明更多的品牌信息，让顾客了解该种茶树的类别、采摘的季节，以及加工方式等。

有很多最好的中国茶至今仍然是手工制作的，制茶技艺也是代代相传。今天，随着全球茶叶市场规模的扩大，世界各地越来越多的人开始品饮优质的中国白茶、黄茶、绿茶、红茶、乌龙茶、黑茶、紧压茶和花茶，并逐渐开始了解中国茶背后引人入胜的故事和传说。

由于本书篇章有限，只能提及少量中国茶。关于中国茶，事实上还有更多更吸引人的品类。

 中国大陆产区

白茶

◁ 白毫银针（银锋）（Silver Needle White Fur）
特征

原产地在中国福建，全部由尚未展叶之前采摘的芽叶制成。成品干样密披白毫，色泽鲜白如银，细直如针。白毫银针原料采摘标准为春茶一芽一叶，因此每年的采摘时间只有短短的几天，也称银针白毫或福建白茶。冲泡时，芽尖直立水中，汤色清澈晶亮，呈浅杏黄色，入口绵软柔滑，甘醇高雅。

冲泡指南

将 0.18 盎司（5 克）干茶放入 7 液体盎司（200 毫升）、温度为 170 ℉（76℃）的热水中，浸泡 2 分钟。茶汤滤出后，可加水续泡 1 次。如果仅喝一泡，冲泡时间应为 6~8 分钟。

白毫银针汤色　　　　　　　　白毫银针干样　　　　　　　　白毫银针叶底

◁ 白牡丹（White Peony）

特征

产于福建的一种白茶，采摘标准是春茶嫩梢一芽二叶或三叶，芽叶连枝，叶缘微卷。成品茶的干样浅绿、淡棕微卷，带银色毫心，形似花朵。干茶由毫尖、碎叶和整叶组成，颜色从银白到深绿再到赭色不等。冲泡后，汤色杏黄，清淡明亮，香气清和毫味显，味道甘醇清新，丝滑鲜爽，带些许坚果味。

冲泡指南

根据泡茶时所用的水温和茶叶浸泡的时间，白牡丹的冲泡指南可以参考绿茶、乌龙茶或黑茶的冲泡方法。将 0.14~0.18 盎司（4~5 克）干茶放入 7

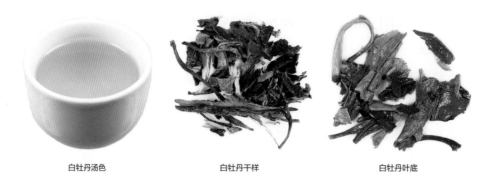

白牡丹汤色　　　　　　　　白牡丹干样　　　　　　　　白牡丹叶底

液体盎司（200毫升）、温度为200℉（93℃）的热水中，浸泡1.5～2分钟。茶汤滤出后，可加水续泡1次。如果仅喝一泡，需泡6～7分钟。

⊰ 玉百合（Jade Lily）

特征

在干燥之前，这些细小的嫩芽被手工打成结，让人想起熟练的花边织工或针线工精湛的手工技艺。品饮玉百合，最好用高脚的透明玻璃杯冲泡，以便欣赏茶叶颗粒在杯中如水下芭蕾般曼妙的舞姿。因为茶叶颗粒吸足水分后，每个结都展现出惊人的整齐度，厚重的一端朝下，优雅地沉入杯底，而叶部打结处犹如肥硕的花蕾，又宛如众多的小海马一起看向水面。玉百合茶汤的外观呈淡淡的干白葡萄酒颜色，滋味温润甜香，香气中带有一种成熟的梨子味。

冲泡指南

把20个左右的茶结放在7液体盎司（200毫升）、167℉（75℃）的热水中，浸泡4分钟。也可多次加水冲泡。

玉百合汤色　　　　　　　　玉百合干样　　　　　　　　玉百合叶底

⊰ 安吉白茶（Anji Bai Cha）

特征

尽管这种茶名为"安吉白茶"，但它实际上是生长在浙江省纯净无污染环境下的稀有绿茶。每年仅在早春有少量生产。因其芽叶玉白，叶底浅绿而得名。安吉白茶和日本的玉露茶一样，其L-茶氨酸含量特别高，因此滋味鲜醇。这种茶树在冬季休眠期，叶绿素含量很少，所以它的叶芽呈淡绿色（叶白脉翠)。冲泡后的汤色清淡，清香鲜醇，口感柔滑，回甘持久。

冲泡指南

将 0.09 盎司（2.5 克）放入 7 盎司（200 毫升）、167 ℉（75℃）的热水中，冲泡 2 分钟。滤出茶汤后，可再加水进行二次冲泡。

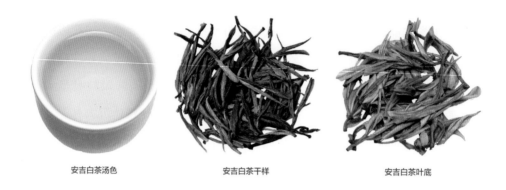

安吉白茶汤色　　　　　　　安吉白茶干样　　　　　　　安吉白茶叶底

◢ 碧螺春（Biluochun/Green Snail Spring）

特征

碧螺春是中国传统名茶，产自中国江苏省太湖的东洞庭山和西洞庭山一带。在洞庭碧螺春产区，茶树和果木交错种植，早春时节，果树开花，花窨茶香。采摘的标准是春梢的一芽一叶，在加工过程中，用手揉搓成整齐的小蜗牛状小卷。生产 1 磅成品碧螺春茶，需要 6 万 ~ 8 万个芽叶。碧螺春条索紧结，卷曲如螺，白毫显露，银绿隐翠，冲泡后，汤色碧绿清澈或淡金黄，香气淡雅芬芳，有着轻微的花果和坚果香。

冲泡指南

在 8 液体盎司（225 毫升）、170 ℉（76℃）的水里放入 0.18 盎司（5 克）

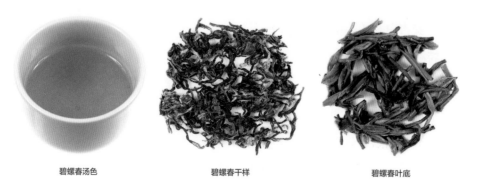

碧螺春汤色　　　　　　　碧螺春干样　　　　　　　碧螺春叶底

茶叶，浸泡 2 分钟。将茶汤滤出后，再加水进行第二泡和第三泡。

◁ 黄山毛峰（Huangshan Maofeng/Yellow Mountain Hair Peak）

关于黄山毛峰，有这样一个传说，一位美丽的采茶姑娘，爱上了同村的一个青年。但是当地的恶霸也看中了这个姑娘，并强行将她掳走做姜。姑娘想方设法逃了出来，却发现自己的心上人已经被恶霸杀害。姑娘在深山的山洞里找到了心上人的遗体，她悲痛欲绝，泪雨滂沱。姑娘的泪水洒在心上人的身上，将他变成了一株茶树。如今，这些茶树与野生桃树一起伴生在安徽省云雾缭绕的黄山上。

特征

这种泛黄的小叶种茶叶由一芽一叶加工而成，干茶有淡淡的草药香。冲泡后，汤色黄绿清澈，清香馥郁，有浓郁的桃子香和独特的醇厚果味，略带栗香。

冲泡指南

取 0.18 盎司（5 克）干茶，放入 7 液体盎司（200 毫升）、180 ℉（82℃）的热水中，冲泡 2 分钟。茶水滤出后，可加水续泡 2 次。

黄山毛峰汤色   黄山毛峰干样   黄山毛峰叶底

◁ 玉环茶（Jade Rings）

特征

这种茶产自福建福鼎的关山，以单芽为鲜叶原料，采用传统手工工艺精心制作而成，银白带翠的茶芽被卷曲成环状，干茶外形酷似玉耳环，故而得名"玉环茶"。茶叶入水冲泡，茶环缓缓舒展，宛如初春花蕾含苞欲放。茶汤黄绿清亮，鲜浓醇厚，略带坚果味和淡淡的甜香。

冲泡指南

取 0.18 盎司（5 克）茶叶放入 8 液体盎司（225 毫升）、176 °F（82℃）的热水中，冲泡 1～2 分钟。

玉环茶汤色　　　　　　　玉环茶干样　　　　　　　玉环茶叶底

◁ 龙井茶（Longjing/Lung Ching/Dragon Well）

龙井茶产于浙江省杭州市西湖龙井村周围的群山，并因此得名。特级龙井为一芽一叶制成，茶条扁平光滑挺直。次优的雀舌龙井是由一芽两叶制成，冲泡时，两叶舒展似鸟喙，而一芽恰似雀舌。

特征

龙井茶以其色翠、形美、香郁、味醇而闻名。冲泡后，芽尖向上，汤色嫩绿（黄）明亮，香气醇郁清香，有嫩栗香。口感鲜爽甘醇，回甘持久。

冲泡指南

取 0.10 盎司（3 克）的干茶，放入 7 液体盎司（220 毫升）、180 °F（82℃）的热水中，冲泡 2～3 分钟。茶汤滤出后，可加水续泡 2 次。

龙井茶汤色　　　　　　　龙井茶干样　　　　　　　龙井茶叶底

◣ 毛尖（MaoJian）

特征

毛尖产自浙江、安徽和河南等省云雾缭绕的山区，字面意思为"发尖"或"毛尖"，意喻为芽尖带毫。汤色清澈亮黄，清香鲜醇，饮后令人神清气爽，适合一天中任何时间段饮用。干样外形细直圆润，芽叶匀整，碧绿显毫，滋味鲜爽醇厚，香气高雅清新，带有花草的甜香。

冲泡指南

取 0.10 盎司（3 克）的干茶，放入 8.5 液体盎司（250 毫升）、158 ℉（70℃）的热水中，冲泡 3 分钟。茶汤滤出后，可加水二泡。

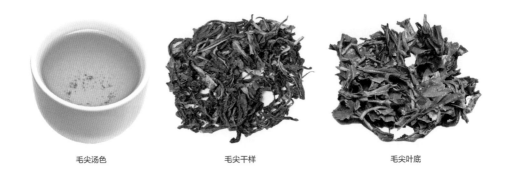

毛尖汤色　　　　　　　　毛尖干样　　　　　　　　毛尖叶底

◣ 太平猴魁（Tai Ping Huo Kui/Tai Ping Monkey King）

特征

中国传统名茶，产于安徽省太平县（现改为黄山市黄山区）一带的高山之巅。在产茶季节，产地猴坑的茶农每户每天仅可生产大约 22 磅（10 千克）的这种名茶。太平猴魁鲜叶经杀青后，将杀青叶放入两层的铁丝网间摊匀压平，固定茶叶外形，之后进行烘干。这种简单的制作方法完整地保留了茶叶的鲜甜。（茶叶根部朝下放置）冲泡后，修长扁平挺直的茶叶徐徐展开，舒放成朵，茶汤黄绿清亮，滋味醇厚回甘，并具沁人心脾的兰茶香。

冲泡指南

取 0.09~0.10 盎司（2.5~3 克）干样，放入 7 液体盎（200 毫升）、167 ℉（75℃）的热水中冲泡 2 分钟。茶汤滤出后，可加水续泡一次。

| 太平猴魁汤色 | 太平猴魁干样 | 太平猴魁叶底 |

◁ 天目云螺（Tian Mu Yun Lo）

特征

产于浙江省天目山脉，毗邻浙江的自然风景名胜——杭州西湖，产区自然景观优美，空气清新纯净。之所以得名"云螺"，是因为茶树生长在云雾缭绕的山间，而成茶的叶条卷曲，状如螺壳。这种茶在冲泡后，芽叶细嫩，色翠显毫，滋味甘醇。

冲泡指南

取 0.09 ~ 0.10 盎司（2.5 ~ 3 克）茶叶，放入 7 液体盎司（200 毫升）、167 ℉（75℃）的热水中，冲泡 2 分钟。茶汤滤出后，可加水再次冲泡。

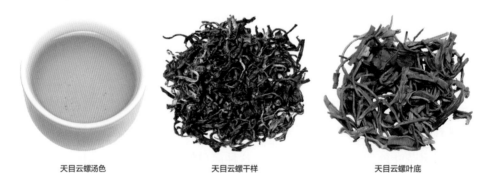

| 天目云螺汤色 | 天目云螺干样 | 天目云螺叶底 |

◁ 黄甸茶（Yellow Meadow，Huang Tian）

特征

这种鲜为人知的绿茶是由福建北部的黄草甸小村庄里的手艺精湛的制茶师手工制作的。干茶叶条卷曲，外观为深绿色，带黄金片（注：实为金黄色的鱼叶）。汤色淡黄，甘醇爽口。

冲泡指南

取 0.09~0.10 盎司（2.5~3 克）干茶，放入 7 液体盎司（200 毫升）、176 ℉（80℃）的热水中，冲泡 2 分钟。茶汤滤出后，可加水再续泡 2 次。

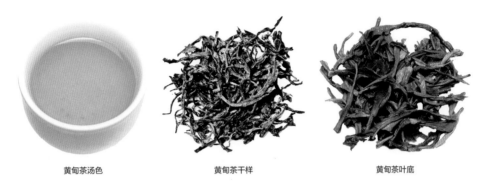

黄匈茶汤色　　　　　　　　黄匈茶干样　　　　　　　　黄匈茶叶底

◁ 雨前熙春（Young Hyson，Flourishing Spring 或 Lucky Dragon）

特征

雨前熙春，顾名思义，就是由谷雨前采摘的嫩芽加工而成。干茶卷曲，呈长条状，条索紧结。汤色金黄，香气浓郁，滋味爽滑，回味略辛。

冲泡指南

取 0.09 盎司（2.5 克）干茶，放入 7 液体盎司（200 毫升）、170 ℉（76℃）的热水中，冲泡 2 分钟。

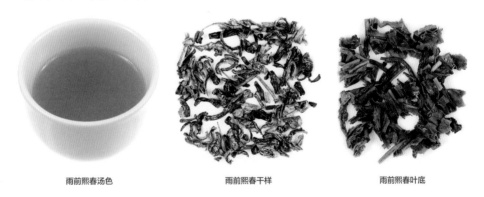

雨前熙春汤色　　　　　　　　雨前熙春干样　　　　　　　　雨前熙春叶底

◁ 珍眉（Zhen Mei/Precious Eyebrows）

特征

产地在云南，珍眉干样条索弯曲细秀，形似眉毛，故此得名。加工珍眉需要精湛的工艺和技巧，每个茶条必须在最适宜的温度下揉捻做形，以获得秀丽眉形。冲泡后，汤色黄亮，口感软滑，略带栗香。

冲泡指南

在 180 ℉（82℃）的温度下，将 0.09 盎司（2.5 克）茶叶放入 7 液体盎司（200 毫升）的热水中，冲泡 3 分钟。

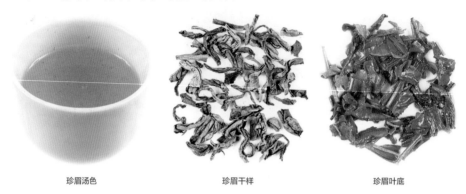

| 珍眉汤色 | 珍眉干样 | 珍眉叶底 |

◁ 珠茶（Zhu Cha/Pearl Gunpowder）

大多数的珠茶都产自浙江省，干茶外形紧结，呈圆珠状，如同珍珠，故此得名。市场上销售的珠茶颗粒大小不一，有针头大的小颗粒，也有更大更松散的圆形颗粒。最初在欧洲进行销售时，被誉为"绿色的珍珠"。

特征

冲泡时，茶叶颗粒在水中缓缓展开，汤色呈温润的琥珀色，滋味醇厚浓郁，略带涩味，回味持久。

冲泡指南

将 0.14～0.18 盎司（4～5 克）茶叶放入 7 液体盎司（200 毫升）、190 ℉（87℃）的热水中，冲泡 2 分钟。茶汤滤出后，可进行二泡和三泡。

| 珠茶汤色 | 珠茶干样 | 珠茶叶底 |

◁ 贡熙茶（**Gunpowder Tribute/Hui Bai**）

特征

据资料记载，贡熙茶的制作工艺在唐朝时就已存在于浙江平水地区，最优质的贡熙茶早期被作为贡品上贡给朝廷。这种顶级珠茶选用嫩度高、持嫩性好的芽叶原料，经过轻揉，形成松散的暗绿色颗粒形。冲泡时，茶叶颗粒在水中缓缓展开，茶汤为浅杏黄色，香味独特，口感甘醇宜人。

冲泡指南

将 0.09 盎司（2.5 克）茶叶放入 7 液体盎司（200 毫升）、176 ℉（80 ℃）的热水中，冲泡 3 分钟。茶汤滤出后，可加水续泡 2 次。

贡熙茶汤色

🍃 调味绿茶（Flavored Green Teas）

◁ 茉莉龙珠（**Jasmine Pearls**）

茉莉龙珠主要产地在福建。原料的采摘要赶在谷雨之前。在制作茶坯的过程中，幼嫩的芽叶被揉成细长的条状，然后卷成紧实的圆珠形。制成后的绿茶要小心存放，直至 6 月茉莉花盛开的时候，将茶坯与盛开的茉莉花苞混合窨制 10～12 小时，使茶坯颗粒充分吸附茉莉花的清香。这个窨制过程需重复两次以上。

特征

冲泡时，珠形的茶叶颗粒在水中逐渐展开，汤色呈淡琥珀色（金黄），散发着浓郁的茉莉清香。滋味纯正，甘醇滑爽，入口留香。

茉莉龙珠汤色　　　　　　　　　茉莉龙珠干样　　　　　　　　　茉莉龙珠叶底

冲泡指南

宜采用透明玻璃杯或玻璃茶壶冲泡，可以欣赏珠形的茶叶颗粒在水中缓缓舒展沉浮。将 0.07 盎司（2 克）茶叶放入 8 液体盎司（225 毫升）、190 ℉（87℃）的热水中，冲泡 3 ~ 4 分钟。这种茶可耐数次冲泡。

◁ 茉莉凤眼（Jasmine Phoenix Eyes）

特征

这种制作精细的茉莉花茶不像茉莉龙珠一样完美地卷成珠形，而是卷成椭圆形。最嫩的芽尖卷在里面，恰似人的眼眸。茉莉凤眼茶坯加工时，需要用新鲜的茉莉花苞窨制 8 ~ 10 次。当用热水冲泡时，茶叶在水中缓缓展开，醉人的茶香和甜美的茉莉香完美地融为一体，茶汤清澈透明，滋味纯正，高香持久，雅致宜人。

冲泡指南

取 12 ~ 14 粒茶叶颗粒放入 7 液体盎司（200 毫升）、176 ℉（80℃）的热水中，冲泡 3 ~ 4 分钟。可加水续泡数次。

茉莉凤眼茶汤色　　　　　　茉莉凤眼干样　　　　　　　　茉莉凤眼叶底

◁ 茉莉花茶（Jasmine）

茉莉花茶传统上是将茶坯与新鲜的茉莉花进行拼配、窨制，使茶叶吸附花香。茉莉花具有晚间开放吐香的习性，因此鲜花一般是在白天采摘的，精心储存，待到夜晚茉莉花蕾绽放，释放出令人陶醉的香味之际，才将茶坯与茉莉花苞分层摊放，此时茉莉吐香，茶叶充分吸附花香。数小时后，茶堆温度升高时，要进行通风散热，待摊凉之后，再分层堆放复窨。

特征

松散、轻微氧化的茶叶中夹杂着干燥的茉莉花苞，冲泡后的茶汤黄绿明亮，散发着浓郁的茉莉花香，配合着甘醇鲜灵的滋味，美不胜收。

冲泡指南

取 0.12 盎司（3.5 克）茶叶放入 7 液体盎司（200 毫升）、190 ℉（87℃）的热水中，冲泡 2 分钟。茶汤滤出后可加水续泡 2 次。

茉莉花茶汤色　　　　　　茉莉花茶干样　　　　　　茉莉花茶叶底

🍃 黄茶（Yellow Teas）

◁ 君山银针（Jun Mountains Silver Needle）

特征

君山银针①全部由早春采摘的密披银毫的单芽制成。如今，湖南省境内众多茶树均由野生茶树人工驯化而来，据传其栽培历史已逾千年，并以其药用价值

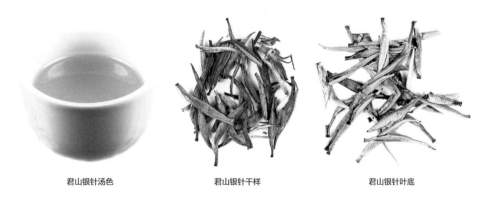

君山银针汤色　　　　　　君山银针干样　　　　　　君山银针叶底

---

① 注：君山，又名洞庭山，为湖南省岳阳市君山区洞庭湖中岛屿

著称。冲泡时，茶芽几经沉浮，仍直立杯中。汤色黄绿油润，香气清新温婉。

冲泡指南

取 0.18 盎司（5 克）茶叶放入 8 液体盎司（225 毫升）、170 ℉（76℃）的热水中，冲泡 2 分钟。茶汤滤出后可加水续泡 2 次。

◁ 霍山黄芽（Huo Shan HuangYa）

霍山黄芽作为唐朝最具盛名的 14 种名茶之一，自唐朝（618—906 年）至清朝（1644—1911 年）一直被列为贡茶。安徽霍山出产的这种黄茶加工工艺与绿茶极为相似，只是在完全干燥之前，要覆盖闷黄，促其形成轻度黄变的外形特征。

特征

霍山黄芽外形黄绿披毫，挺直优雅；滋味浓郁绵软，清香持久，鲜醇回甘，兼具栗香和甜玉米的味道。

冲泡指南

取 0.10 盎司（3 克）干叶，放入 7 液体盎司（200 毫升）、167 ℉（75℃）的热水中，冲泡 2～3 分钟。可加水续泡 1 次或数次。

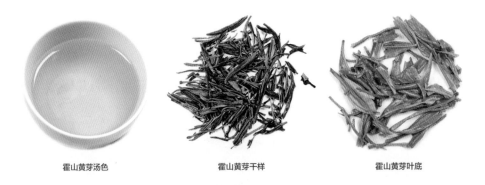

霍山黄芽汤色　　　　　　　霍山黄芽干样　　　　　　　霍山黄芽叶底

🍃 条形乌龙（Dark Oolong Teas）

◁ 凤凰单丛（Phoenix Supreme Oolong）

这种乌龙茶是从广东省凤凰山生长的良种凤凰水仙品种中分离、选育出来的品种，早期是由经验丰富的制茶工匠手工分批制作而成。每年叶片半开时，分别在 4—5 月和 10—11 月采摘两次。加工过程中要经过持续 8 ~ 10 个小时的部分氧化。

特征

条索匀整挺直，冲泡后汤色明亮，澄黄清澈，有天然果香，清雅浓醇。

冲泡指南

取 0.10 ~ 0.14 盎司（3 ~ 4 克）干叶，放入 5 液体盎司（150 毫升）、203 ℉（95℃）的热水中，冲泡 1 分 15 秒。滤出茶汤后，可加水续泡 1 次。

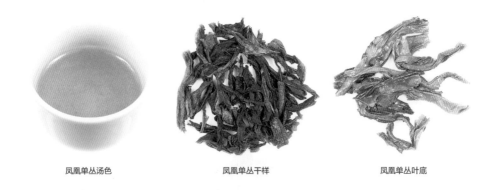

凤凰单丛汤色　　　　凤凰单丛干样　　　　凤凰单丛叶底

◁ 大红袍（Da Hong Pao/Big Red Robe）

特征

中国传统名茶，是中国福建省最早生产的乌龙茶之一。至今仍有几株原始茶树母株（这些年来从母株剪下的枝条，通过无性繁殖育成了新的大红袍茶树品系），高高地耸立在崖壁之上，除了几个资深的采摘工匠和加工者，所有人都禁止采摘。鲜叶采摘后要先放在阳光下进行萎凋，再放至篾制的竹笼形的摇青机中进行做青（摇青和凉青交替进行），（炒青和揉捻后）再用炭

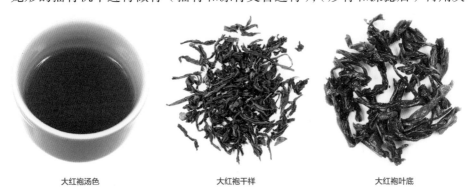

大红袍汤色　　　　大红袍干样　　　　大红袍叶底

火烘焙，使之清香外溢。大红袍茶汤呈深黄色，滋味甘醇馥郁，有黑巧克力和成熟的李子和桃子味，香高持久。

冲泡指南

取 0.17 ~ 0.21 盎司（5 ~ 6 克）干叶，放入 7 液体盎司（200 毫升）、203 ℉（95℃）的热水中，冲泡 3 分钟。可加水续泡 2 次。

◁ 清香单丛（Qing Xiang Dan Cong）

特征

半发酵乌龙茶，香气清甜，略带栗香。味甘爽，兰意幽远。

冲泡指南

取 0.18 盎司（5 克）干叶，放入 7 液体盎司（200 毫升）203 ℉（95℃）的热水中，冲泡 15 分钟。可加水续泡 3 次以上。

清香单丛汤色　　　　　　　清香单丛干样　　　　　　　清香单丛叶底

◁ 肉桂（中国，Ro Gui/Chinese Cinnamon）

特征

肉桂茶，也称为武夷肉桂，或玉桂茶，是福建武夷岩茶中的著名花色品种之一。成茶色泽绿褐鲜润，条索紧结壮实，稍扭曲，香气辛锐持久，有肉桂香。汤色清澈黄亮，伴蜜甜兰香，香气馥郁，带淡烟熏味。品后鲜滑回甘，喉韵清冽，齿颊留香。

冲泡指南

取 0.10 ~ 0.14 盎司（3 ~ 4 克）干叶，放入 7 液体盎司（200 毫升）即将沸腾的热水中，冲泡 1 ~ 2 分钟。滤出茶汤后，最多可加水续泡 8 次。

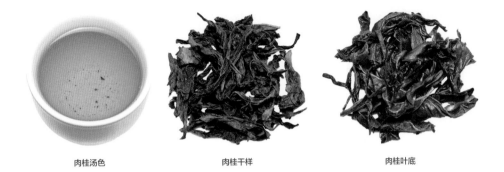

| 肉桂汤色 | 肉桂干样 | 肉桂叶底 |

🍃 球形乌龙（Balled Oolong Teas）

◁ 铁观音（Tieguanyin/Tea of the Iron Goddess of Mercy）

铁观音产自中国福建省，香气馥郁、外形优雅，或许是中国乌龙茶中最出名的一款。相传中国古代有一位茶农，他在每天去田间劳作的路上都会经过一个破败不堪的小庙，庙里供奉着一尊铁制的观音像。这个茶农虽然无力修缮寺庙，但只要有时间，他就会去打理寺庙、点燃香火、敬奉观音。有天晚上，观音托梦给他，让他到庙后的一个山洞里去寻找藏在那里的宝藏。第二天，将信将疑的茶农到了那里，就发现了一株茶树幼苗。于是他开始精心护理这株幼苗，并将之命名为"铁观音"，这就是铁观音茶得名由来的传说。

特征

传统铁观音干茶外形圆结匀整，叶片褶皱呈颗粒状（或螺旋形），色泽砂绿，青腹绿蒂，整体呈红棕和深绿的混合颜色。铁观音一经冲泡，立即吸水膨胀，松散至原先的镶嵌有蕾丝边（实为叶缘锯齿）的形状。冲泡后的茶汤呈蜜绿色，花香明显。滋味醇厚滑爽，香气馥郁。

| 铁观音汤色 | 铁观音干样 | 铁观音叶底 |

冲泡指南

取 0.12 盎司（3.5 克）干叶，放入 7 液体盎司（200 毫升）、195 ℉（90℃）的热水中，冲泡 1.5 ~ 2 分钟。可加水续泡 2 ~ 3 次。

🍃 调味乌龙（Flavored Oolong teas）

◁ 人参乌龙茶（Ginseng Oolong）

特征

人参乌龙是茶叶行业研制的新型拼配茶。将轻度发酵的乌龙茶与人参粉末混合，制成紧结的深绿色小丸。冲泡后可产生宜人的花香和清甜。人参具有滋养身心的作用，而人参乌龙茶既保留了乌龙茶的醇厚，又加入了人参的甘甜。口味甘醇，养神保健，令人耳目一新，也越来越受到消费者的青睐。

冲泡指南

取 0.09 ~ 0.10 盎司（2.5 ~ 3 克）干叶，放入 7 液体盎司（200 毫升）、185 ℉（85℃）的热水中，冲泡 2 分钟。可加水续泡 3 次。

人参乌龙茶汤色　　　　　　　　人参乌龙茶干样　　　　　　　　人参乌龙茶叶底

◁ 桂花乌龙（Osmanthus Oolong）

特征

桂花乌龙是将精美的金桂花苞与发酵程度约为 30% 的铁观音混合窨制、烘干而成。桂花乌龙芳香怡人，品之丝滑甜爽，有成熟的桃子香。

冲泡指南

取 0.09 盎司（2.5 克）茶叶放入 7 液体盎司（200 毫升）、195 ℉（90℃）的热水中，冲泡 2 分钟。茶汤滤出后，可加水续泡 2 次或更多次。

桂花乌龙汤色　　　　　　桂花乌龙干样　　　　　　桂花乌龙叶底

🍃 红茶（Black Teas）

◀ 坦洋工夫（Tan Yang Gong Fu）

特征

坦洋工夫（又称坦洋金猴，居于福建三大工夫茶之首）外形美轮美奂。干样条索紧细修长微扭曲，叶色润泽，毫尖金黄。冲泡后汤色红亮，香气高锐持久，滋味浓醇鲜爽，略带令人惬意的烟熏味和绵柔的果香味。

冲泡指南

取 0.09 盎司（2.5 克）茶叶放入 7 液体盎司（200 毫升）的沸水中，冲泡 3 分钟。可续泡多次。

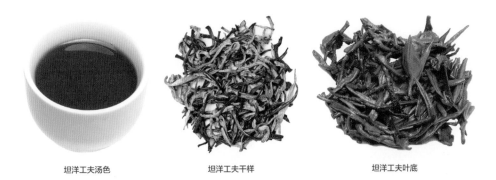

坦洋工夫汤色　　　　　　坦洋工夫干样　　　　　　坦洋工夫叶底

◀ 祁门红茶（Qimen Hao Ya/Keemun Downy Bud）

特征

祁门红茶外形乌润有光泽，以其产地——安徽省祁门县而得名，一直被认为是中国名茶中的佼佼者。根据外形和内质，祁红可分为不同等级，但干茶外观都呈现乌润的色泽，常用来作为拼配茶时平衡香气和滋味的优质原料。祁门红茶条索紧细匀齐，汤色红艳明亮，香气高醇，有鲜甜清快的花香，可作为调配红茶红亮汤色和持久香气的重要原料。

冲泡指南

取 0.09 盎司（2.5 克）茶叶放入 7 液体盎司（200 毫升）的沸水中，冲泡 3 分钟。可加水续泡 2~3 次。

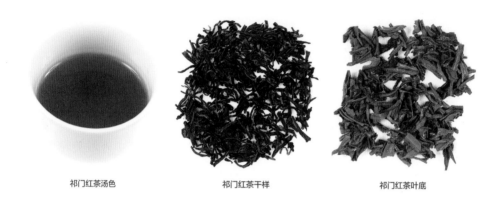

| 祁门红茶汤色 | 祁门红茶干样 | 祁门红茶叶底 |

◁ 滇红工夫（Yundan Gold）

特征

云南省已经有 1700 多年的茶叶生产历史，这个地区出产的红茶是以当地的云南大叶种茶树为原料制成的。这种茶由肥壮、匀整的芽尖加工而成，成品色泽乌黑油润，条索紧直壮实，苗锋秀丽完整，金毫显露。冲泡后，汤色红浓透明，香气高醇持久，带有焦糖和麦芽糖的香味。

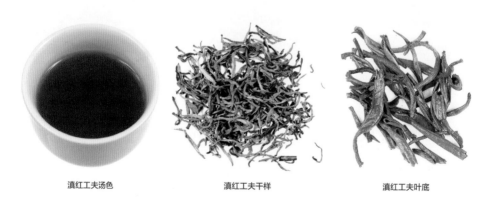

| 滇红工夫汤色 | 滇红工夫干样 | 滇红工夫叶底 |

冲泡指南

取 0.09 盎司（2.5 克）茶叶放入 8 液体盎司（225 毫升）的沸水中，冲泡 3 ~ 4 分钟。

◁ 武夷正山小种（Wuyi Lapsang/Bohea Lapsang）

特征

在福建省武夷山地区，几个世纪以来，当地的茶叶加工厂都是选用本地产的松针或松木为燃料，进行茶叶烘焙。混有松烟的热空气通过天花板上的通风孔进入上方的干燥室，茶叶吸附了松烟，由此形成了正山小种红茶独特的松烟味。正山小种成品茶色泽乌润，汤色红浓带金黄圈，香气高长带松烟香。滋味醇厚爽滑，回甘久远。

冲泡指南

取 0.09 盎司（2.5 克）茶叶放入 8 液体盎司（225 毫升）的沸水中，冲泡 4 ~ 5 分钟。

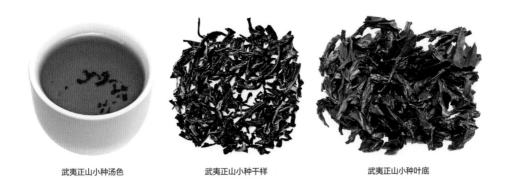

武夷正山小种汤色　　　　　武夷正山小种干样　　　　　武夷正山小种叶底

◁ 正山小种（Zhengshan Xiaozhong/Lapsang Souchong/Smoked Tea）

特征

正山小种是福建省的特产。小种是指生长在武夷山上的小叶种，为茶树的亚变种。茶树鲜叶用松木或柏木为燃料，加温萎凋，然后揉捻，之后装入木桶，用布覆盖使之氧化，再揉捻做形成紧结的细条状。最后放进竹篮内，悬挂在湿松柴引燃的烟火上烘烤干燥。此法加工的成茶叶条乌黑，汤色红艳，具有独特的松烟香。

冲泡指南

取 0.09 盎司（2.5 克）茶叶放入 7 液体盎司（200 毫升）的沸水中，浸泡3 ~ 4 分钟。茶汤滤出后，可再加水冲泡 2 ~ 3 次。

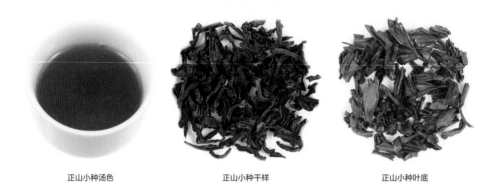

正山小种汤色　　　　　　　正山小种干样　　　　　　　正山小种叶底

🍃 调味红茶

◁ 兰香茶（Lanxiang/Orchid-Scented）

中国产的大多数调味茶和窨制花茶都是以绿茶作原料，但是一些乌龙茶和红茶也可以调配成花茶，兰香茶就是用毛茶与金粟兰（Chloranthus spicatus，又名珠兰、珍珠兰、鱼子兰）窨制而成。

特征

兰香茶干茶色泽褐红、条索匀齐，冲泡后，茶汤呈琥珀色，香气甜美，具高贵奢华的风味。

兰香茶汤色　　　　　　　　兰香茶干样　　　　　　　　兰香茶叶底

冲泡指南

取 0.09 盎司（2.5 克）茶叶放入 7 液体盎司（200 毫升）、200 ℉（87℃）的热水中，冲泡 1~2 分钟。茶汤滤出后，可加水续泡 1~2 次。

◁ 玫瑰红茶（Rose Congou/Rose Petal Black）

特征

玫瑰红茶又名玫瑰工夫茶，所有的工夫茶都是由精心制作的、匀整无破损的整叶为原料的。红茶与粉红色干玫瑰花瓣混合在一起，散发出浓郁鲜锐的香气，滋味柔滑醇厚，并带有淡淡的玫瑰茶的甜香。

冲泡指南

取 0.09 盎司（2.5 克）茶叶放入 7 液体盎司（200 毫升）的沸水中，冲泡 3~4 分钟。茶汤滤出后，可加水续泡 1~2 次。

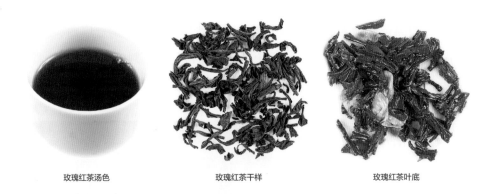

玫瑰红茶汤色　　　　　　玫瑰红茶干样　　　　　　玫瑰红茶叶底

◁ 荔枝红茶（Lychee Red Black）

特征

产地在广东。干茶呈栗褐色，有浓郁的荔枝的清香和甜醇。冲泡后汤色红浓，色艳味甘，果香宜人。

冲泡指南

取 0.10 盎司（3 克）茶叶放入 8.5 液体盎司（250 毫升）的沸水中，冲泡 3~4 分钟。茶汤滤出后，可加水二次冲泡。

荔枝红茶汤色

荔枝红茶干样

荔枝红茶叶底

黑茶

黑茶属于后发酵茶，是绿茶加工后在微生物作用下经过缓慢的二次发酵（渥堆）而形成的一种茶叶类别。在渥堆过程中，茶叶中的微生物会因为温度、湿度和氧气而被激活，进行二次发酵。随着时间的推移，茶叶的颜色和特性发生缓慢变化，脱去了绿茶的苦涩，茶的味道变得更加醇厚浓甜。这些"陈年"的黑茶中最著名的当属中国云南的普洱茶，而湖南、广西、安徽、四川、湖北和日本也有黑茶。市场上的黑茶通常是被压制成各种形状的紧压茶，如沱形、饼形、砖形、方包、燕窝形等。

◁2000 野生普洱生茶茶饼特征

对于大多数人来说，很多大块普洱茶饼太过昂贵。但是图中这款 2000 年产自云南西双版纳易武的普洱生茶的茶饼价格就很公道。一块茶饼可以泡大约 700 冲。干茶呈深棕色，茶汤金黄油亮，香气高雅，有坚果的焦香。再次冲泡时，口感细腻厚实，浓醇持

巴黎的一家高档中国茶屋里待售的普洱茶饼

久，略带柑橘味。

冲泡指南

取 0.16～0.18 盎司（4～5 克）茶叶放入 8.5 液体盎司（250 毫升）的沸水中，冲泡时间控制在 15～30 秒。茶汤滤出后，可加水续泡 7～8 冲。

◁ 小沱茶（Raw Puerh Mini Tuo Cha，生普，下关茶厂）

特征

产自云南下关茶厂。外观为紧结端正的碗臼状，色泽乌润显毫，香气馥郁，滋味甘醇，有些许烟熏味和桃李的香甜。

冲泡指南

取 1～2 个迷你茶饼放入茶壶或茶杯中，加入即将沸腾的热水洗茶 4～5 秒，然后将水倒掉，再加入 200 ℉（93℃）的热水，冲泡 2～3 分钟。茶汤滤出后，可加水续泡 5～6 冲，越到后面，冲泡的时间越短。

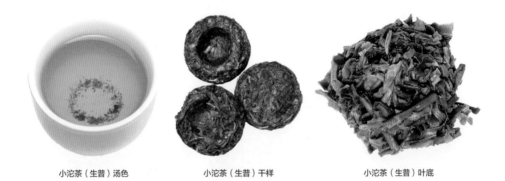

小沱茶（生普）汤色　　　　　小沱茶（生普）干样　　　　　小沱茶（生普）叶底

◁ 小沱茶（Raw Puerh Mini Tuo Cha，熟普）

特征

这种迷你型的沱茶冲泡出来的茶汤暗红浓稠，香气纯陈，无霉气，品之让人想起秋季薄雾笼罩的树林和落叶。

冲泡指南

取一小块迷你沱茶放入茶壶或茶杯中，加入 200 ℉（93℃）的热水，冲泡 1 分钟。茶汤滤出后，可加水续泡 5～6 冲。越到后面，冲泡的时间越短。

小沱茶（熟普）汤色　　　　　小沱茶（熟普）干样　　　　　小沱茶（熟普）叶底

◁ 金尖沱茶（Tuo Cha Raw Tippy Puerh，生普）

特征

干茶条索紧曲，色泽褐中显黄，散发着柔和的甜香和秋季干草的气息。注水后，茶汤呈淡琥珀色，棕色带粉。口感顺滑，陈香和木香、幽香显现。

冲泡指南

取 0.09 ~ 0.10 盎司（2.5 ~ 3 克）的茶叶，放入 7 液体盎司（200 毫升）的沸水中，冲泡 30 ~ 40 秒。茶汤滤出后，可加水续泡 6 ~ 7 次。后面每次冲泡时，时间应在 1 分钟左右。

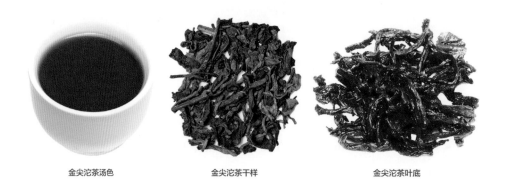

金尖沱茶汤色　　　　　　金尖沱茶干样　　　　　　金尖沱茶叶底

◁ 金毫普洱（Cooked Gold Tip Puerh，熟普）

特征

产自云南西北部雪山上。成品茶叶呈棕褐色，条索紧细弯曲；汤色棕褐，陈香浓郁。滋味甘爽丝滑，带着无花果和甘草的甜香，回甘久远。

冲泡指南

取 0.10～0.18 盎司（3～5 克）的茶叶，放入 8.5 液体盎司（250 毫升）的沸水中，冲泡 10～20 秒。茶汤滤出后，可加水续泡 5～6 次。后面每次续水时，冲泡时间依次缩短。

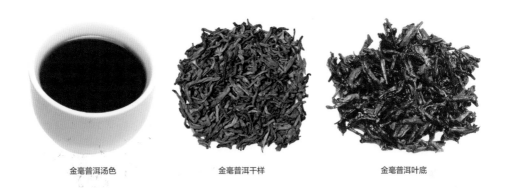

金毫普洱汤色　　　　　　　　　金毫普洱干样　　　　　　　　　金毫普洱叶底

🍃 花草茶（Display Teas）

也被称为工艺茶，这些迷人的观赏茶分为内外两层，内层是干花，外面一层是手工缝制上的茶树绿叶。随着茶叶颗粒吸收水分，在水中慢慢舒展，内层的百合、茉莉、李子花、金盏花在杯中缓缓绽放，花香和茶香也同时弥漫开来。花草茶外层所选取的原料一般是小片的嫩芽叶，目前市场上有很多种设计精美的花草茶产品，俘获了众多爱茶者的芳心。冲泡时宜用高玻璃杯或者玻璃茶壶，可以边品饮，边欣赏茶叶在水中徐徐绽放的美景。

◀ 龙须茶（Dragon Whiskers）

特征

产地在中国安徽。在制作过程中，要将茶叶卷成紧结的小束，再用彩色丝线捆绑起来。干茶卷曲，呈黑色，有毫尖。汤色金黄，滋味甘醇浓郁，有栗香。龙须茶也可以看作绿茶的品类（内在品质介于烘青绿茶与乌龙茶之间）。

冲泡指南

取一束茶叶，找到丝线头，解开外面缠的丝线。放入 8 液体盎司（225毫升）的沸水中，冲泡 3 分钟。茶汤滤出后，可加水续泡 2 次。

◁ 红牡丹 / 黑海葵（Hong Mudan/Black Sea Anemone）

特征

这种黑色具观赏性的茶叶产自安徽偏远山区，那里家家户户以种茶为生。茶叶原料是由春天初展的芽叶制成，芽叶大小匀整，在加工过程中用丝线或棉线进行造型扎朵。成品茶造型优美，香气浓郁，冲泡时，似牡丹花在水中绽放，又似海葵在水中漂浮。红牡丹外形俊美，清香绵绵，回味甜润悠长。

冲泡指南

取一朵放在玻璃杯中，用 8 液体盎司（225 毫升）、185 ℉（85℃）的热水冲泡数分钟，让茶尖茶芽在水中徐徐舒展。可根据需求加水续泡，茶簇会继续保持造型和色彩，味道也不会变苦，依然是味甜香高。

中国台湾地区的茶叶

大约 200 年前，中国福建的移民带着茶叶加工技术来到福尔摩沙（今中国台湾），并在此定居下来，台湾地区的茶树种植由此开始。这里的土壤、气候和丘陵地形非常适合茶树种植。1869 年，英国人约翰·多德（John Dodd）雇了两艘快速帆船将茶叶从台湾运往纽约，从而促成了第一批台湾茶叶的出口。19 世纪 80 年代，台湾茶叶已驰名海外，年出口量超过 1000 万磅（450 万千克）。

20 世纪 20 年代，台湾被日本所侵占。日本人在南投县（原文为"南投省"）的日月潭地区引种了阿萨姆种茶树，用来制作红茶。到了 20 世纪 60

年代，红茶已经成为中国台湾地区的重要出口商品。但是，随着台湾经济的发展和红茶生产成本的上升，台湾地区在与其他成本低廉的红茶生产国的竞争中失去优势，大部分茶园转而生产乌龙茶和包种茶（pouchong），这也是今天台湾地区最著名的两款茶。目前，台湾地区仍生产少量红茶，但主要品类是未发酵的绿茶、半发酵的乌龙茶（有些经过烘烤）和轻度发酵的包种茶。

台湾岛早期的茶树种植主要集中在台北市的北部地区，但今天的茶叶主产区位于台湾岛的中部，种植面积达 53.214 万英亩（21.535 万公顷），这些茶园都分布在海拔 1000 英尺（305 米）以上，茶叶年产量达 2940 万磅（1340 万千克）。这些家族式的"精品茶园"，由经营者和制茶大师监管整个茶叶生产过程，并将他们的独家技术和加工工艺传给下一代。尽管台湾岛上的茶叶栽植和手工采摘方法多年来没有太大变化，但是现代化机械已经取代了过去简陋的制茶工具，例如随处可见的日本电动采茶剪。有的茶农已经不再使用化肥和农药，转而使用更为有机的栽培方法，从而生产出品质更好的茶叶。

在台湾，茶树在 4—12 月可以采摘 5 茬，最好的茶叶是用 4—8 月中旬采集的鲜叶为原料制成的。适时采摘茶叶至关重要：如果芽叶太嫩，它的香气和味道就会不足；但如果太过成熟，茎梗就会粗老。最好的茶叶是在早上10 点到下午 2 点之间采摘的，在这个时间段，早晨的露水已经从叶子表面蒸发掉，但阳光依旧强烈，足以完成萎凋的过程。茶鲜叶萎凋后，再经过摇青、杀青、揉捻、干燥等工序，茶叶制作就完成了。

台湾茶叶的加工方法和品类因季节和地理条件不同而有差异。4 月是生产绿茶、包种茶、一些芳香乌龙茶和少量的龙井、碧螺春的时节；而 6—7月下旬是白毫乌龙茶（也称"东方美人茶"）的生产季节。台北市东南部的文山区主要生产的是包种茶，包种茶是一种轻微发酵茶，外形呈条索状，叶端折皱扭曲，以其冲泡后汤色明亮、香气清香优雅似花香而闻名。台北市北部的石门乡以生产文火熏焙的铁观音乌龙茶为主；而位于台北市西南部的三峡镇则以生产龙井绿茶而闻名。在南投县绵延起伏的山陵中，出产几种不同类型的乌龙茶,包括以外形紧结墨绿、花香浓郁为特征的冻顶乌龙,叶片肥厚、风味甜香鲜醇的玉山乌龙。在南投县中心的日月潭,红茶是当地的特产,轻度发酵、叶形卷曲的乌龙茶也很有名;而在台湾岛北部的最高山脉之一——梨山上,分布在海拔5900~8695英尺(1800~2650米)的高山茶园生产的梨山乌龙,以其厚叶、高香和纯甜而闻名。再往南走,阿里山是另一个海拔在3280~7545英尺(1000~2300米)的高山茶产区,阿里山乌龙茶的特征是鲜甜浓郁,有花果香。

🍃 包种茶(Pouchong Teas)

◁ 包种茶(Bao Zhong)

特征

不是真正的绿茶,也不是纯粹的乌龙茶,包种茶制作过程中氧化程度仅为12%~18%,绿色乌龙茶氧化率为30%,而深色乌龙茶氧化率为70%。制作包种茶时,先将鲜叶在阳光下或室内进行摊青萎凋(含做青)、炒青(含揉捻)、两次干燥(分为初烘、复烘),然后进行分级。成茶叶形舒展、条索微卷,色泽墨绿,汤色黄绿明亮,香气清扬,滋味甘醇。

冲泡指南

取0.09~0.10盎司(2.5~3克)的干茶,放入7液体盎司(200毫升)、185℉(85℃)的热水中,可快速冲泡出多种风味的茶汤。

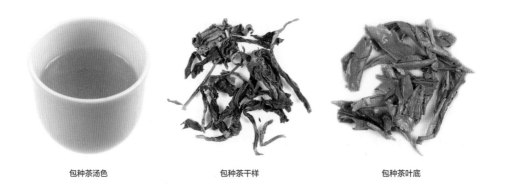

包种茶汤色   包种茶干样   包种茶叶底

🌿 球形乌龙茶（Balled Oolong Teas）

◁ 阿里山乌龙茶（Ali Shan Oolong）

特征

是台湾最好的茶叶之一，茶园分布在台湾地区嘉义市云雾缭绕的阿里山高海拔山地。阿里山乌龙茶的外形秀美、卷曲紧实，呈半球形。茶汤呈浅黄绿色。香气浓郁鲜甜，伴轻微的烘焙味。风味饱满，如奶油般柔滑爽醇，有独特的绿茶香。

冲泡指南

取 0.10～0.14 盎司（3～4 克）的干茶，放入 7 液体盎司（200 毫升）、194 ℉（90℃）的热水中，冲泡 2 分钟。茶汤滤出后，可加水续泡 4～5 次。

| 阿里山乌龙茶汤色 | 阿里山乌龙茶干样 | 阿里山乌龙茶叶底 |

◁ 玉乌龙茶（Jade Oolong）

特征

玉乌龙是来自玉山茶园的一种轻度氧化茶。干茶色泽浓绿，外形松散卷曲。冲泡后的茶汤为黄褐色，香气浓郁，花香味显，甘醇柔滑，回味悠长。

| 玉乌龙茶汤色 | 玉乌龙茶干样 | 玉乌龙茶叶底 |

冲泡指南

取 0.10 盎司（3 克）的干茶，放入 7 液体盎司（200 毫升）、185 ℉（85℃）的热水中，冲泡 1~2 分钟。茶汤滤出后，可加水快速续泡数次。

◁ 琥珀乌龙茶（Amber Oolong）

特征

琥珀乌龙茶产于台湾地区南投县，是一款中度氧化的球形乌龙茶，采用木炭火烘焙干燥，外形呈褐色卷曲状。干茶带有迷人的巧克力香味。冲泡时，芽叶舒展，茶汤为琥珀色，有蜜蜡质感。这款乌龙茶具有怡人的甜香，有熟果香和类似饼干的香气，口感浓郁，略带烟熏味和黑巧克力香。

冲泡指南

取 0.09~0.10 盎司（2.5~3 克）的干茶，放入 7 液体盎司（200 毫升）、194 ℉（90℃）的热水中，冲泡 1~2 分钟。茶汤滤出后，可加水续泡 4 次。

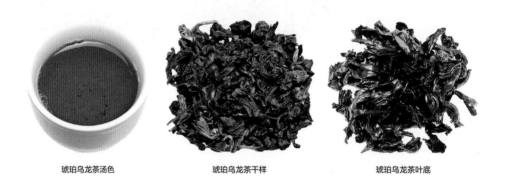

琥珀乌龙茶汤色　　　　　　琥珀乌龙茶干样　　　　　　琥珀乌龙茶叶底

◁ 冻顶乌龙茶（Tung Ting Oolong）

冻顶乌龙茶是台湾最好的乌龙茶品类之一，选用（南投县鹿谷乡冻顶山）海拔最高的松柏岭（Sungpoling）茶园里的鲜嫩芽叶为原料制成。这里的茶树着生于丘陵和高原之上，生长在成片的棕榈树和高大的竹林之下。

特征

由鲜嫩芽叶制成的冻顶乌龙茶冲泡后，汤色绿黄明亮，香气馥郁，有花香，是台湾最好的绿乌龙之一。

冲泡指南

取 0.10 盎司（3 克）的干茶，放入 7 液体盎司（200 毫升）、180 ℉（85℃）的热水中，冲泡 1 ~ 2 分钟。茶汤滤出后，可加水快速续泡数次。

冻顶乌龙茶汤色　　　　　　冻顶乌龙茶干样　　　　　　冻顶乌龙茶叶底

◁ 东方美人茶（Oriental Beauty）

特征

这种独特的乌龙茶又被称为香槟乌龙、白猴乌龙、白毫乌龙、白尖乌龙等。它的特殊性源自每年夏天的小绿叶蝉（Jacobiasca formosanaor common leafhoppers，一种常见的叶蝉），这种昆虫会咬食茶树上的鲜叶，被咬食后的茶鲜叶在夏季的阳光下就会开始氧化，这有助于形成一种水果的甜味。与此同时，茶树意识到自己受到了攻击，会产生单萜二醇和三烯醇的酶来保护自己，这种酶也会给茶叶带来独特的酸甜口味，这样就形成了东方美人茶独特的风味。这款茶冲泡后，茶汤呈清澈的琥珀色，滋味圆柔醇和，具蜜糖香、熟果香。

东方美人茶汤色　　　　　　东方美人茶干样　　　　　　东方美人茶叶底

冲泡指南

取 0.09 ~ 0.10 盎司（2.5 ~ 3 克）的干茶，放入 7 液体盎司（200 毫升）、185 ℉（85℃）的热水中，可快速冲泡出多种风味的茶饮。

◁ 奶香乌龙茶（Milk Oolong）

特征

大多数球形乌龙茶都是以一芽四叶为原料的，但是用于加工奶香乌龙茶的嫩芽，只有在第三叶完全展叶时，才可以采摘。这款茶由 20 世纪 70 年代台湾培育的茶树新品种——金萱茶（台茶 12 号）鲜叶制成。奶香乌龙茶口感丝滑，有浓浓的奶油爆米花的香气，并带有淡淡的兰花香。

冲泡指南

取 0.09 ~ 0.10 盎司（2.5 ~ 3 克）的干茶，放入 7 液体盎司（200 毫升）、194 ℉（90℃）的热水中，冲泡 3 分钟。茶汤滤出后，可加水续泡数次。

奶香乌龙茶汤色　　　　　　　　奶香乌龙茶干样　　　　　　　　奶香乌龙茶叶底

格鲁吉亚的茶叶产区位于格鲁吉亚和俄罗斯交界白雪皑皑的高加索山脉沿线土壤肥沃的地带，这里种植茶叶的条件得天独厚：清新的空气，肥沃的土壤，有机耕作的方法，充沛的雨水，清澈的溪流，无不适合茶叶生长。格鲁吉亚的茶树栽培始于 1890 年，由于生产的茶叶品质优良，这里曾是苏联的茶叶主产区。随着规模化生产的需求、新技术的引进，尤其是茶叶采摘和加工机械的引进，导致格鲁吉亚成品茶的品质不断下降。苏联解体以后，格鲁吉亚成为一个独立的共和国，世界其他国家逐渐发现了格鲁吉亚独特的优质手工茶。在英国顾问内杰尔·梅利肯（Nigel Melican）和本国企业家塔木兹·米卡泽（Tamaz Mikadze）的共同努力下，格鲁吉亚的茶开始走向国际市场。

自 2003 年以来，来自格鲁吉亚西部的大约 700 个茶农家庭，联合组成了格鲁吉亚手工制茶协会。协会规定，协会会员必须按照协会要求，仅生产手工茶（完全不使用机器）或村级标准的茶叶（使用当地设计的小型机器，而这些机器大部分是由本村铁匠制作的），而那些终生以制茶为业的老工匠们可以将制茶工艺和知识传给更年轻的一代。

格鲁吉亚的采茶人通常采摘一芽三叶，将采摘后的茶叶带回家后，先放在凉爽的房间里或者阴凉的阳台上晾晒萎凋，然后再进行手工揉捻。制茶人选取自己方便的工具进行揉捻，有的工匠在搪瓷碗内揉捻茶叶，有的将茶叶铺放在木板上，辅以线绳来回搓揉。对茶叶进行强烈的搓揉之后，根据当时的天气和环境温度，将揉捻叶放置 4 ~ 8 小时，使之发生氧化，然后在阳光下摊放晒干。如当年阳光不够充足，就将茶叶送到附近镇上的工厂或茶叶质量控制中心，在那里可以分期、分批借助机械烘干茶叶。那里的工厂也被当作成品茶的仓库，在那里拼配整合来自各地的散茶，然后再将之出口到美国和英国等国家和地区。

红茶

◁ 娜塔拉红茶（Natela's Tea GOPA）

格鲁吉亚的手工红茶用制作人的名字进行分级和销售。这个国家最有名的制茶大师是娜塔拉·古嘉毕泽（Natela Gujabidze），她终生都待在自己家乡——娜戈比列伊（Nagobileui）村，从事制茶工作，经她手工制作的茶条索紧结修长，完全是用手工进行揉捻，在格鲁吉亚的日光下完成干燥。

特征

成品茶的干叶呈棕褐色，卷曲有锋苗，带毫尖。冲泡后汤色亮黄，甘甜醇厚，带有柑橘和熟板栗的味道，叶底的颜色为红褐至墨绿的混合颜色，外观像乌龙茶。

冲泡指南

取 0.09 盎司（2.5 克）的干茶，用 7 液体盎司（200 毫升）的沸水冲泡 5 分钟即可。

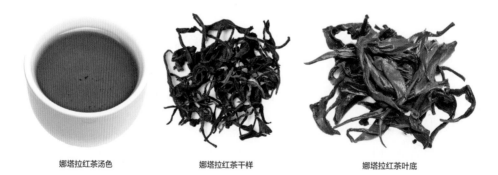

娜塔拉红茶汤色　　　　娜塔拉红茶干样　　　　　娜塔拉红茶叶底

◁ 格鲁吉亚老夫人（Geogia Old Lady）

特征

这是格鲁吉亚制茶大师娜塔拉·古嘉毕泽（Natela Gujabidze）采摘并加

工的另一种茶。所用原料是细嫩梢头，成品外形匀整净，茶条卷曲，色泽棕褐，金毫显露。冲泡后，茶汤红亮，滋味柔和顺滑，甘爽宜人，带有淡淡的果香。

冲泡指南

取 0.09 ~ 0.10 盎司（2.5 ~ 3 克）的干茶，用 7 液体盎司（200 毫升）、200 ℉（93℃）的热水冲泡 5 分钟即可。

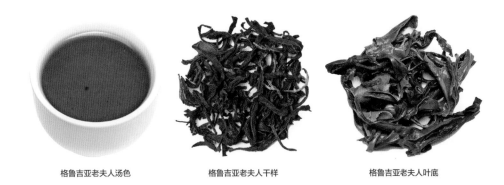

格鲁吉亚老夫人汤色　　　　　格鲁吉亚老夫人干样　　　　　格鲁吉亚老夫人叶底

⋗ 克尔基里特制茶（Kolkuri Extra）

特征

在马克瓦内蒂（Makvaneti）这个格鲁吉亚的小村庄里，梅雷布·瓦萨泽普（Mereb Vasadzep）开创了机制茶的先河。自 2003 年以来，村民的制茶工艺一直在稳步改进，生产出来的茶香味浓郁，在市场上极具吸引力，可以与格鲁吉亚手工制茶相媲美。克尔基里特制茶（Kolkuri Extra）这款茶是克尔基里特制茶（Kolkhuri）有限公司的茶叶加工厂生产加工的红碎茶，干茶外形乌黑匀润，有细细的金色毫尖。冲泡后汤色暗红，香气浓郁，散发着焦糖香和巴西坚果烧烤的味道。

冲泡指南

取 0.09 ~ 0.10 盎司（2.5 ~ 3 克）的干茶，用 7 液体盎司（200 毫升）的沸水冲泡 3 ~ 4 分钟即可。

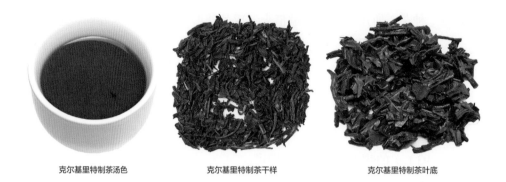

克尔基里特制茶汤色　　　克尔基里特制茶干样　　　克尔基里特制茶叶底

◁ 克尔基里工匠茶（Kolkhuri Artisan）

特征

这种叶条紧结卷曲的全叶红茶也是由梅雷布·瓦萨泽普（Mereb Vasadzep）制作、克尔基里特制茶（Kolkhuri）有限公司所属的马卡内蒂（Makyaneti）茶厂出品的。汤色为清澈透明的琥珀金，口感柔滑，有成熟葡萄的甜香和果香。

冲泡指南

取 0.10 盎司（3 克）的干茶，用 7 液体盎司（200 毫升）的沸水冲泡 5 分钟即可。

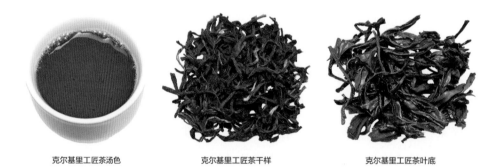

克尔基里工匠茶汤色　　　克尔基里工匠茶干样　　　克尔基里工匠茶叶底

印度的茶叶 Indian Tea

　　18 世纪晚期，在印度的阿萨姆邦发现了自然生长的野生茶树，这个发现证明了当地的气候和海拔适合茶树的栽植。此后，印度开始在加尔各答植物园对茶树进行培育实验，但直到 1834 年才开始商业化种植。印度最早的茶树栽培是用中国种茶树（*Camellia sinensis*）的种子进行播种的，但这些茶树长势不良。最终，用当地的阿萨姆种（*Camellia sinensis assamica*）取代中国种，这种尝试取得了成功。此后，茶树种植在印度开始规模化。

　　1838 年，第一批阿萨姆茶叶从印度运到了英国，1839 年 1 月这批茶叶在伦敦茶叶拍卖会上进行了拍卖，并声称它完全可以和中国茶叶相媲美。19 世纪 50 年代，印度的茶叶种植园向北延伸到了大吉岭和孟加拉国，后来又扩大到印度西南端风景秀丽的尼尔吉里（Nilgiri，又称青山）。茶叶产量从 1853 年的 180 吨迅速增长到 1870 年的 6594 吨和 1885 年的 3.4717 万吨。到 1947 年当印度脱离英联邦获得独立时，茶叶年产量已达 6170 万磅（2800 万千克）。印度独立以后，茶叶种植面积扩大了 40%，茶叶产量增加了 250%。2007 年，印度政府承诺提供 7600 万美元（5100 万英镑）的专项茶叶基金，用于对茶树树龄超过 40 年的老茶园进行修剪和更新，希望通过换种提高茶叶生产的数量和质量，并吸引更多的海外买家。

　　今天，印度已经成为世界上最大的茶叶生产国之一。该国茶叶种植面积约 150 万英亩（约 60 万公顷），分布着 1.3 万多个茶业种植园，茶叶年产量约 26 亿磅（12 亿千克）。直接受雇于该行业的工人超过 125 万人，同时又为 1000 万相关从业人员创造了收入。印度目前既生产传统红茶，也生产 CTC 红茶。过去很大一部分红茶出口俄罗斯和英国，但目前主要供应国内市场。有些制造商专门生产 CTC 片茶和末茶供应国际袋泡茶市场，也有一些茶叶加工厂生产 CTC 颗粒状碎茶供应国内市场。2014 年，CTC 红茶占印度茶叶生产总量的 80%，但在茶叶主产区仍有少量种植园主生产优质的传统大叶红茶，供应国内外市场。为顺应全球市场的变化和消费者口味的改变，除了传统的特色红茶，印度的茶叶种植园现在也开始生产绿茶、白茶和乌龙茶。

在过去几年里，印度茶叶委员会一直在努力提高和维护该国最重要的三大茶叶主产区——大吉岭、阿萨姆和尼尔吉里的声誉。由于这 3 个产地的茶叶质量上乘，国际需求量多年来不断增长，一些不法商人为谋取利润，趁机钻空子，他们在茶叶包装上贴上"纯正阿萨姆邦""纯正大吉岭"或"纯正尼尔吉里"的标签进行营销，但实际上，掺入了产自其他国家和地区的茶叶。近年来，印度茶叶委员会一直致力于确保所有以阿萨姆邦、大吉岭或尼尔吉里品牌销售的茶叶都是 100% 产自原产地。为此，还引入了一套独特的防伪标识系统，只要在包装盒或包装罐的侧面显示有特定防伪标识，就能保证是正品。同时，印度茶叶委员会也对包装好的茶叶和拼配茶进行定期检查和认证。

 阿萨姆产地

印度阿萨姆邦有"独角犀牛之乡"之称，在这片广袤美丽的土地上，森林茂密，平原开阔。奔腾的布拉马普特拉河从这里流过，把肥沃的土壤从喜马拉雅山麓带到了河流两岸的农业地带。这里是世界上最大的茶叶种植区，2014 年，阿萨姆邦 27 个地区的 765 个大型茶业种植园和 6.8465 万个小型茶园，共计生产茶叶近 11.1770 亿磅（5.07 亿千克）。阿萨姆邦的茶叶产量约占印度全国茶叶总产量的 55%。

正常气候条件下，阿萨姆邦的年降雨量在 80 ~ 120 英寸（200 ~ 300 厘米），但有时候会出现一些极端天气，仅单季的降雨量可能就超过 33 英尺

（10 米），单日降雨量可高达
12 英寸（30 厘米）。雨季到来
的时候，雨量充沛导致当地的
空气湿度大、地面异常潮湿，
同时温度可以上升到 100 ℉
（38℃）以上，这时候的种植园
如同一个巨大的玻璃温室，这
种条件非常适合茶树的栽植。
从春季到深秋，茶树都能在这
里茁壮生长，直到寒冷的冬天
到来，这里的茶树才进入休眠
期。然而，近年来的全球气候

阿萨姆邦正在采茶的妇女

变化，尤其是温度升高和降雨量的变化，对本地的茶叶生产造成了不利影
响，茶叶生产量有时会低于预期。

　　春季降雨量过高会导致害虫肆虐，而生长季节的降雨量和温度变化不稳
定也会影响茶叶的产量和品质。和其他茶叶主产区一样，阿萨姆邦的茶叶种
植园和研究中心，致力于培育推广无性系茶树良种。这种茶树耐干旱、防洪
涝、抗病虫害能力强，且茶叶产量高。阿萨姆邦生产的茶叶主要被制成传统
红茶和 CTC 茶，然后在古瓦哈蒂拍卖会上（主要供国内市场）或西里古里和
加尔各答拍卖会上（主要供出口）出售。

🍃 红茶

◁ 阿萨姆（头摘）春摘茶（First Flush Assam）
◁ 蒂鲁帕蒂茶园（Tirupati Garden）

　　早春三月，大地回暖，布拉马普特拉河流域的茶树开始萌发新芽。这时
的茶树嫩梢被采摘下来制成阿萨姆第一批春茶。但这批茶并不是最好的阿萨
姆茶，通常用来制作拼配茶。尽管这些早茶还没有浓郁的麦芽香，但也会选
择一些浓郁鲜醇的优质春茶作为名优特产推向市场。

特征

这种毛尖茶冲泡后呈焦糖色，滋味爽滑，回甘持久。适合加牛奶同饮。

冲泡指南

取 0.09 盎司（2.5 克）的干茶，放入 7 液体盎司（200 毫升）的沸水中，冲泡 3 ~ 4 分钟即可。

蒂鲁帕蒂茶园春茶汤色　　　　　蒂鲁帕蒂茶园春茶干样　　　　　蒂鲁帕蒂茶园春茶叶底

◄ 阿萨姆（次摘）夏茶（Second Flush Assam）

◄ 哈穆蒂茶园（Harmutty Garden）

◄ 一级显毫花橙黄白毫

阿萨姆夏茶从 6 月开始采摘，一直持续到 9 月。成品茶色泽乌润棕红，有金毫。这是因为鲜叶在采摘时，芽尖尚嫩（密披绒毛），所含的化学物质的含量和成熟鲜叶中所含的含量不同，因此在加工过程中，芽尖没有因氧化和干燥作用而变成暗色。金毫的比例代表着阿萨姆茶的质量和工艺。冲泡时，茶汤呈红棕色，带有浓郁柔滑甜纯的麦芽味。

特征

精制后的优质红茶色泽呈红棕色，有秀丽的金色毫尖。茶汤为清亮的琥珀色。滋味浓厚，味道甘醇，有浓郁的麦芽香。

冲泡指南

取 0.09 ~ 0.10 盎司（2.5 ~ 3 克）的干茶，放入 7 液体盎司（200 毫升）的沸水中，冲泡 4 ~ 5 分钟即可。

哈穆蒂茶园夏茶红茶汤色　　　　哈穆蒂茶园夏茶红茶干样　　　　哈穆蒂茶园夏茶红茶叶底

◁ **阿萨姆（次摘）夏茶**

◁ **孔加茶园（Khongea Garden）**

◁ **一级显毫花橙黄白毫**

特征

阿萨姆夏茶的毫尖比例很高，因此茶汤浓醇，有淡淡的麦芽香。很多消费者会发现这种茶不管加不加奶，都不失为一款宜人的早餐茶。

冲泡指南

取 0.09 ~ 0.10 盎司（2.5 ~ 3 克）的干茶，放入 7 液体盎司（200 毫升）的沸水中，冲泡 4 ~ 5 分钟即可。

孔加茶园次摘茶汤色　　　　孔加茶园次摘茶干样　　　　孔加茶园次摘茶叶底

🍃 **绿茶**

◁ **阿萨姆绿茶（Asssam Green）**

◁ **法蒂基拉茶园（Fatikchera Garden）**

随着绿茶在世界各地的走俏，印度各产茶区开始生产更多的绿茶。阿萨姆绿茶风味淡雅，略带甜香。

特征

法蒂基拉茶园成品茶的条索细长，叶底颜色从嫩黄（玉白）到深橄榄绿不等。茶汤为淡琥珀金，有干草和柑橘的清甜香，略带涩味。

冲泡指南

取 0.09 盎司（2.5 克）的干茶，放入 7 液体盎司（200 毫升）、185 ℉（85℃）的热水中，冲泡 2~3 分钟。

法蒂基拉茶园绿茶汤色　　　法蒂基拉茶园绿茶干样　　　法蒂基拉茶园绿茶叶底

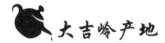 **大吉岭产地**

大吉岭是坐落于印度东北角白雪皑皑的喜马拉雅雪山怀抱中的一座小山城。这里的商业化茶树种植始于 19 世纪 50 年代，当时在图克瓦尔（Tukvar）、阿洛巴里（Aloobari）和斯坦塔尔（Steinthal）建立了 3 座最早的茶园。到 1866 年，大吉岭已拥有 39 个茶园，茶叶生产总量达到了 4.63 万磅（2.1 万千克）。到 1874 年，茶叶种植园已增至 113 个，投产面积约为 1480 英亩（6000 公顷）。

如今，大吉岭有 86 个茶叶种植园，茶园覆盖面积达 4.4056 万英亩（1.7820 万公顷），茶叶年产量约为 2160 万磅（980 万千克）。在海拔 7000 英尺（2135 米）的高坡上，种植的是中国种茶树，中国种比阿萨姆种更适应严寒的冬季和凉爽的夏夜；而在海拔 3000 英尺（915 米）较低的坡地上，气候

大吉岭的一处茶园

不再那么恶劣，气温也比较温和，阿萨姆种茶树在那里生长势头良好。大吉岭有着高海拔地形、陡峭的斜坡、排水良好的土壤、冬季的酷寒、夏季的炎热、终年缭绕的云雾、分布均匀而充沛的降水和清新洁净的空气，这样的地理条件造就了大吉岭茶极佳的品质和芬芳高雅的香气，其上品带有麝香葡萄味，为它赢来了印度"茶中香槟"的美誉。

每年11月底到次年3月初，这里的茶树处于休眠期。当第一场春雨落下、第一缕春光送暖的时候，茶树又开始恢复蓬勃生机。3月底到4月的嫩梢积聚了整个冬季的精华，第一轮茶叶的采摘就选在这段时间。5—6月，赶在季风到来之前，要完成第二轮采摘。6月中旬的季风会带来大约10英尺（3米）的降水。大吉岭的季风期一直持续到9月干季的到来。季风期的茶叶含水量较高，有大吉岭茶的品质特点，但味道和香气不足。而秋季采摘的茶叶，尽管味道更为成熟，仍散发着麝香葡萄的甜香。

🍃 红茶

⊰ **大吉岭（头摘）春茶**

⊰ **格兰本茶园（Glenburn Garden）**

⊰ **一级优质金花橙黄毛尖白毫**

大吉岭的春茶鲜香清远，在全球市场上广受欢迎，经常在特色食品和饮品展销会上荣获大奖，并在拍卖会上拍得高价，有时甚至拍出每磅200多美元（130英镑）的高价。由于各个茶园不同年份生产的茶叶品质和特征都存在着差异，第一批春茶有时会赶在正常发货前，送到那些急于品尝新茶的客户手中。如今许多零售商欣喜地看到，一些懂行的消费者乐于品鉴大吉岭不同茶园、不同季节生产的茶叶，并享受这个品鉴的过程。

特征

这种茶制作精良，成品茶多银色毫尖，柔滑芳香，汤色清亮，回味悠长，有柑橘和桃子的果香。

冲泡指南

取 0.09 盎司（2.5 克）的干茶，放入 7 液体盎司（200 毫升）、180 ℉（82℃）的热水中，冲泡 3 分钟。

格兰本春茶汤色　　　　　　　格兰本春茶干样　　　　　　　格兰本春茶叶底

◅ 大吉岭（头摘）春茶

◅ 赛林邦茶园（Selimbong Garden）

◅ 一级有机优质金花橙黄毛尖白毫

这座公平贸易有机茶园位于印度和尼泊尔边界海拔 6000 英尺（1829 米）的米里克（Mirik）谷地。在晴朗的天气里，从赛林邦茶园可以远眺珠穆朗玛峰。

特征

这种茶制作精良，汤色亮黄，清香悠远，色泽浅绿。

冲泡指南

取 0.09 盎司（2.5 克）的干茶，放入 7 液体盎司（200 毫升）、205 ℉（95℃）的热水中，冲泡 3 分钟。

赛林邦春摘茶汤色　　　　　　　赛林邦春摘茶干样　　　　　　　赛林邦春摘茶叶底

◁ 大吉岭（次摘）夏茶
◁ 桐松茶园（Tong Song Garden）
◁ 一级小种优质金花橙黄毛尖白毫

大吉岭的夏茶是在 5—6 月采摘的。因为生长期较长，茶树更趋于成熟，茶叶的风味比春茶更浓。很多人偏爱夏茶这种成熟的味道，认为这才是大吉岭所产茶叶中品质最优的茶。夏茶加工干燥的温度比春茶高，因此在冲泡时，也比春茶耐更高的水温。

特征

干叶外观以棕色为主，带有橄榄绿和金色毫尖。茶汤为淡琥珀色，滋味甜纯似蜂蜜。

冲泡指南

取 0.09 盎司（2.5 克）的干茶，放入 7 液体盎司（200 毫升）的沸水中，冲泡 3 分钟。

桐松茶园夏茶汤色　　　　　　　桐松茶园夏茶干样　　　　　　　桐松茶园夏茶叶底

◁ **大吉岭秋茶**

◁ **阿文格罗夫茶园（Avongrove Garden）**

◁ **一级优质金花橙黄毛尖白毫**

这片茶园坐落在海拔 5700 英尺（1737 米）的山坡上。占地面积 185 公顷，由居住在庄园里的 500 名工人照管，他们精心掌控着最佳的采茶时间。在夏季的季风期，降水量过多导致茶叶的质量和风味次于春茶和夏茶。雨季过后，进入秋天，就可以采摘秋茶了。秋摘茶具有大吉岭茶的所有特征，但与头摘春茶和次摘夏茶相比，茶汤呈深棕红色，滋味更爽滑、更醇和、更厚重，也更浓郁。

特征

这种醇厚的秋茶比头摘春茶和次摘夏茶汤色更为红亮，仍保留着大吉岭茶迷人的麝香味道。

冲泡指南

取 0.09 盎司（2.5 克）的干茶，放入 7 液体盎司（200 毫升）的沸水中，冲泡 3 分钟。

阿文格罗夫茶园秋摘茶汤色　　　阿文格罗夫茶园秋摘茶干样　　　阿文格罗夫茶园秋摘茶叶底

🍃 白茶

◁ **大吉岭白茶**

◁ **玛格丽特的希望茶园（Margaret's Hope Garden）**

◁ **白色喜悦（White Delight）**

这座著名的茶园是 1870 年由一位英国人所建。他的女儿 Margaret 在从英国到大吉岭的途中丧生于海上，为了纪念自己的女儿，他将茶园命名为"玛格丽特的希望"。大吉岭最早于 2000 年开始生产白茶。

特征

这种白茶清新淡爽，带有杜果、桉树和薰衣草的香气。口感爽滑绵柔，有蜂蜜和水果的甜纯，回甘久远。

冲泡指南

取 0.09 盎司（2.5 克）的干茶，放入 7 液体盎司（200 毫升）、180 ℉（82℃）的热水中，冲泡 3 分钟。

马格丽特的希望茶园白茶汤色　　马格丽特的希望茶园白茶干样　　马格丽特的希望茶园白茶叶底

🍃 乌龙茶

＜ **大吉岭乌龙茶**

＜ **格伦伯恩茶园（Glenburn Garden）**

＜ **寒露茶（Autumn Crescendo）**

将秋季采摘的嫩叶先在秋日柔和的阳光下进行日光萎凋，然后经过摇青使其发生轻度氧化，使之释放出喜马拉雅乌龙茶独有的茶味和花草香。

特征

这种用 10 月采摘的鲜叶为原料加工而成的乌龙茶，条索卷曲，汤色红亮，口感纯厚圆润，伴有浓郁的花香和天然的回甘。

冲泡指南

取 0.18 盎司（5 克）的干茶，放入 7 液体盎司（200 毫升）、203 ℉（95℃）的热水中，冲泡 15 分钟。滤出茶汤后，可续泡 3 次以上。

格伦伯恩茶园乌龙茶汤色　　　　格伦伯恩茶园乌龙茶干样　　　　格伦伯恩茶园乌龙茶叶底

锡金产地

　　锡金位于喜马拉雅山脉东侧，南邻大吉岭，与中国、尼泊尔和不丹接壤，是一个小的茶叶种植区。这里秀美的山峰、苍翠的山谷和奔腾的河流为茶树生长提供了极佳的生态环境。泰米（Temi）茶园是锡金唯一的茶叶种植园。这座茶园始建于1969年，占地约400英亩（163公顷）。锡金茶在品质上与大吉岭茶相似，但味道更醇厚，果味更浓。

泰米红茶（Temi Black）

特征

　　泰米红茶的干茶呈棕绿色，条索卷曲美观，多金毫。冲泡后味道甘醇，散发出浓烈甜美的果香，以及令人难以置信的极似蜂蜜的甜香。

泰米红茶汤色　　　　　　泰米红茶干样　　　　　　泰米红茶叶底

冲泡指南

取 0.09 盎司（2.5 克）的干茶，放入 7 液体盎司（200 毫升）、200 ℉（93℃）的热水中，冲泡 2 分钟。

尼尔吉里（Nilgiri）产地

从大吉岭和阿萨姆邦往南 1500 英里处，沿着印度西南端的尼尔吉里山脉（Nilgiri Hills），从喀拉拉邦（Kerala）一直延伸到泰米尔纳德邦（Tamil Nadu），都属于印度的南部产茶区。尼尔吉里山又名"蓝山"（Blue Mountains），因此这儿出产的茶又叫蓝山茶。1840 年，英国种植商——约翰·奥克特洛尼上校和他的兄弟詹姆斯来到了尼尔吉里，这里自然环境优美，生态环境优越，有大象在茂密的桉树、翠柏和蓝桉树的丛林间漫步。他们惊叹于这里的美景，决定在这片起伏不平的草场和茂密的丛林之间开建茶园，这是尼尔吉里最早的茶园。

尼尔吉里的高海拔地形和约 80 英寸（200 厘米）的年均降水量为茶树生长提供了非常适宜的自然条件。今天在尼尔吉里海拔 1000～7000 英尺（300～2200 米），分布着大约 16.4 万英亩（6.6368 万公顷）的茶园，茶叶年产量达 2.976 亿磅（1.35 亿千克）。这里漫山遍野都栽种着常年生长的茶树。

尽管尼尔吉里的茶树常年生长，一年到头都可以采摘新芽，但最重要的两个采茶期是 4—5 月（占本地茶叶年产量的 25%）和 9—12 月（占年产量的 35%～40%）。这里生产的红茶味道浓郁，汤色清亮，品质类似于斯里兰卡东部所产的锡兰红茶。大多数

尼尔吉里库诺尔（Coonoor）茶园里的茶树已采摘一半，等着采茶工人继续完成采摘

尼尔吉里茶被用于制作拼配茶的原料，但是近年来出现了作为单一来源茶的销售趋势。也有一些生产商为特产市场加工蒸青绿茶和炒绿青茶。

🍃 绿茶

◁ 哈里库克里绿茶（Hari Khukri Green）

特征

条索修长，外形匀整微卷，茶汤呈琥珀金色，散发着清新的鲜的香草味。这种茶在市场上又称为蓝山绿茶。

冲泡指南

取 0.09 盎司（2.5 克）的干茶，放入 7 液体盎司（200 毫升）、167 ℉（75℃）的热水中，冲泡 1.5 ~ 2 分钟。

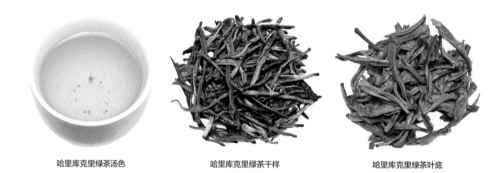

哈里库克里绿茶汤色　　　　　哈里库克里绿茶干样　　　　　哈里库克里绿茶叶底

🍃 乌龙茶

◁ 伯恩赛德霜降茶（Burnside Frost）

从每年的 12 月到次年 1 月，生长在蓝山北坡的高大茶树有时会遭受轻微的霜冻。这些茶树会被专门做上标记，然后进行采摘，这类鲜叶的萎凋时间比一般茶叶所需时间更长。

特征

这种工艺茶兼有红茶和乌龙茶的特点。叶条外观卷曲，冲泡时散发出独特的香草味和淡淡的栗香。

冲泡指南

取 0.12 盎司（3.5 克）的干茶，放入 7 液体盎司（200 毫升）、200 ℉（93℃）的开水中，冲泡 4～5 分钟。

伯恩赛德霜降茶汤色　　　　　伯恩赛德霜降茶干样　　　　　伯恩赛德霜降茶叶底

🍃 红茶

◄ 库诺尔茶园（Coonoor Estate）

特征

成品茶条索紧结细长，散发着木瓜、桃子和桂花的香味，滋味浓强，汤色红艳明亮，带有胡椒和胡荽子的辛辣味、果香（类似橘子和果脯），有轻微的麦芽香。滋味柔和，回味悠长，带有一丝单宁的苦涩。

冲泡指南

取 0.09 盎司（2.5 克）的干茶，放入 7 液体盎司（200 毫升）的沸水中，冲泡 3 分钟。

库诺尔茶园有机红茶汤色　　　库诺尔茶园有机红茶干样　　　库诺尔茶园有机红茶叶底

印度 Indonesian Tea 尼西亚的茶叶

18世纪初，荷兰东印度公司就开始在印度尼西亚的苏门答腊岛上种植茶树。最早栽培的茶树是用中国进口的茶籽进行播种的，但中国种茶树在这里生长势头不良，后来逐渐被从印度进口的阿萨姆种所取代。20世纪初，印度尼西亚生产的茶叶垄断了欧洲和英国市场。然而，第二次世界大战导致印尼茶叶出口量锐减。直到20世纪80年代，该国开始实施的一项茶产业复兴计划，茶叶经济才得以恢复。从那时起，伴随着工厂的现代化进程和老茶园更新改造，印尼的茶叶科研机构和茶叶产业也开始携手合作，共同致力于提高茶叶的产量和质量。此后，印尼的茶产业取得了持续发展。印尼大约70%的

爪哇岛高地的一座茶园里满载而归的采摘工

茶叶生长在爪哇岛高地茶叶种植园内肥沃的火山土里，那里的热带气候为茶叶茁壮生长提供了良好条件。印尼的茶叶一年四季都可采摘，最好的茶叶原料是在每年夏末8—9月进行采摘的。在过去，印尼生产的都是传统工夫红茶。为满足消费者对袋泡茶日益增长的需求，现在有些茶场也开始生产 CTC 红碎茶。而绿茶生产则是在20世纪80年代引入的，大部分绿茶产自一些小型茶园，这些小型种植园主生产的绿茶约占总产量的90%，而且大部分用于满足本地消费。

🍃 红茶

◁ 爪哇马拉巴尔（Java Malabar）

特征

干叶颜色深棕，外形微卷，叶片肥大，冲泡后，汤色红艳，口感甘甜顺滑，微辛，有淡淡的葡萄果香。

冲泡指南

取 0.09～0.10 盎司（2.5～3 克）的干茶，放入 7 液体盎司（200 毫升）的沸水中，冲泡 3～4 分钟。

爪哇马拉巴尔汤色　　　　爪哇马拉巴尔干样　　　　爪哇马拉巴尔叶底

日本的茶叶 Japanese Tea

在日本早期的茶树栽培史上，茶叶都是人工采摘的。但是今天，日本几乎所有的茶叶都实行机械化采摘。机械采茶的缺点是，机器无法区分嫩芽、新叶和粗老的茎叶。由于日本基本上都是机械采茶，日本的茶园在外观上和世界其他地方的茶园也大不相同。一排排长长的茶树并列种植，覆盖在和缓起伏的坡地和丘陵上，宛如翻腾的绿浪。当采茶机器经过茶树冠面时，就形成了一排排弧形的采摘面。而在人工采茶的茶园中，茶行的采摘面则要平坦得多。

尽管在大多数茶叶生产国，至今都还保留着一定数量的手工制茶，但是日本的整个茶叶生产流程——从茶叶的采摘、蒸青、揉捻、干燥、分级直至包装，都已经全部实现了机械化。目前只有最有特色、价格最高昂的两种茶——玉露（Gyokuros）和雁音茶（Kariganes），是通过人工采摘、手工制作的。

日本所有的茶叶种植区都分布在靠近河流、溪水和湖泊的丘陵地带，那里气候温润，空气湿度大，清晨凉爽的空气和柔和的光线缓和了正午的炎炎烈日。每年从4月底开始，一直持续到深秋，可采摘2~4轮茶叶。进入深秋以后，茶树就开始进入休眠期。日本主要生产绿茶，日本绿茶是按照一年中茶叶采摘的时间、原料采摘的部位、加工的方法进行分级的。

在日本，仅有1~2家茶叶生产商生产少量的红茶。日本红茶的制作始于19世纪70年代，但是几乎没有取得商业上的成功。日本红茶选用多种品种作原料，最近选用的是由位于鹿儿岛的日本国家蔬菜茶叶科学研究所（National Institute of Vegetable and Tea Science）用大吉岭茶和阿萨姆茶做亲本培育出来的杂交品种——红富贵（Benifuki）。

从日本的这座茶园可以远眺富士山

绿茶

◁ 玉露茶（Gyokuro）

玉露是日本最昂贵、品质最高的茶叶。制作玉露选用的茶树需精心管护，对茶叶的人工采摘和加工技艺也有很高的要求。在采摘前，茶树必须在90%遮阴度的条件下保持约20天。当茶树新梢开始萌发时，就将茶树用竹子、芦苇或帆布垫覆盖，低光照会使叶片中叶绿素的含量增高，因此采摘时的鲜叶呈墨绿色。

特征

干茶外形匀整，直而细长，呈针状，外形色泽翠绿，稍显嫩绿。汤色绿艳，似翠绿而微黄，香气清雅，甘甜柔和。

冲泡指南

取 0.32 盎司（9 克）的干茶，放入 3 液体盎司（80 毫升）、140 ℉（60℃）的热水中，冲泡 2～3 分钟。滤出茶汤后，可加水续泡 1 次。

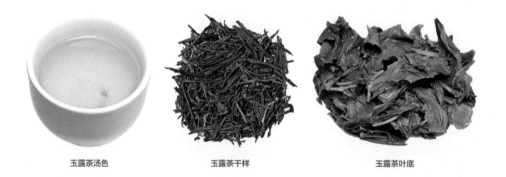

玉露茶汤色　　　　　　玉露茶干样　　　　　　玉露茶叶底

◁ 抹茶（Matcha）

抹茶是日本茶道表演使用的一种精细的绿色末茶，它是由磨碎的碾茶（Tencha）制成的。生产碾茶的茶树在采摘之前，也要像加工玉露茶一样进行遮阴处理。制作碾茶，采摘的叶片比生产玉露茶所需叶片更大，先蒸青，再干燥，但不需要揉捻。取而代之的是将叶脉和茎除去，将剩下的部分研磨成非常细的粉末。日本茶道表演抹茶时，要把抹茶粉倒入热水中，然后用竹制的茶筅进行搅匀起末。

特征

研磨后的抹茶粉末灰绿有光泽。加入热水后会溶解，变成一种稀薄多泡的翠绿色茶汤，带着独特的花草香。

冲泡指南

先用热水温润、洁净茶碗和茶筅，然后把水倒掉。取 2/3 茶匙的抹茶放入茶碗，缓缓注入 2 液体盎司（60 毫升）、175 ℉（80℃）的热水，用茶筅搅匀，直至起沫。

抹茶汤色　　　　　　　抹茶干粉　　　　　　　搅匀抹茶

◀ 茎茶（Kukicha）

茎茶是用生产煎茶（Sencha）这样的绿茶时去除的茎梗制成的，茎梗的质量越高，茎茶的味道就越好。

特征

这种茶由深绿色的茶叶茎梗制成，外观呈稻草黄。冲泡后的茶汤呈浅黄绿色，有淡淡的香味，清爽鲜甜，有栗香。

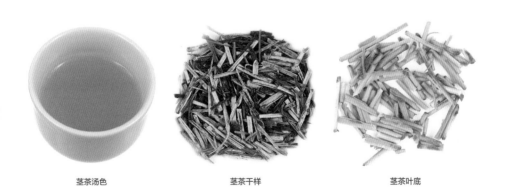

茎茶汤色　　　　　　　茎茶干样　　　　　　　茎茶叶底

冲泡指南

取 0.25 盎司（7 克）的干茶，放入 8.5 液体盎司（240 毫升）、温度为 194 ℉（90℃）的热水中，冲泡 30 ~ 60 秒。滤出茶汤后，加水可续泡 1 次。

🍃 绿茶

◀ 雁音茶（Karigane）

玉露的茎茶被称为雁音。和玉露一样，在采摘和加工茶叶之前，茶树要遮阴大约 1 个月。

特征

因为雁音茶带有玉绿色的茎梗，冲泡后的茶汤精致清亮，呈绿色。口感如牛奶般柔滑，有花草香，滋味非常甘甜。

冲泡指南

取 0.25 盎司（7 克）的干茶，放入 8.5 液体盎司（240 毫升）、122 ~ 131 ℉（50 ~ 55℃）的热水中，冲泡 1.5 ~ 2 分钟。滤出茶汤后，最多可加水续泡 3 次。

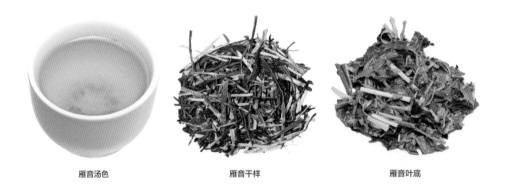

雁音汤色　　　　　　　　　雁音干样　　　　　　　　　雁音叶底

◀ 煎茶（Shencha）

煎茶是由采自春天的首轮芽叶加工而成。采摘下来的茶鲜叶先经过蒸青，以破坏鲜叶中酶的活性（抑制多酚类的酶促氧化），提升色泽翠绿的绿茶品质，然后是干燥和揉捻交替进行。煎茶富含维生素 C，在日本是最受欢迎的一种茶叶。

特征

煎茶的条索修长、扁平，呈针状，外观为翡翠般的青绿色，有嫩绿色的斑点。汤色黄亮。香气清甜雅致，让人联想到新鲜的香草气息和海风的味道。

冲泡指南

取 0.21 盎司（6 克）的干茶，放入 5.5 液体盎司（160 毫升）、175 ℉（80℃）的热水中，冲泡 2 分钟。滤出茶汤后，可加水续泡 1 次。

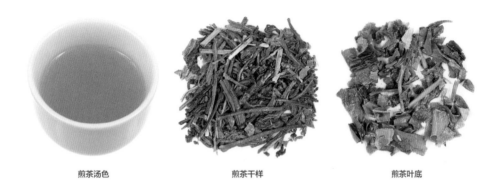

煎茶汤色　　　　　　　煎茶干样　　　　　　　煎茶叶底

◄ 番茶（Bancha）

番茶是由夏秋两季采摘的鲜叶制作而成，此时茶树的茎叶比前期为制作煎茶采摘的茎叶更为粗老。番茶的口感不如煎茶清爽细腻，但它的氟化物含量高，因此被认为对牙齿健康有益。

特征

与煎茶相比，番茶的外形粗松，色泽黄绿。冲泡后茶汤橙黄，口感偏浓重，涩味较重，香气平和。

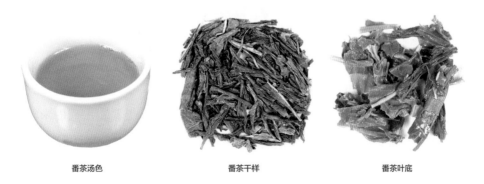

番茶汤色　　　　　　　番茶干样　　　　　　　番茶叶底

冲泡指南

取 0.16 盎司（4.5 克）的干茶，放入 7 液体盎司（200 毫升）、176 ℉（80℃）的热水中，冲泡 1 分钟。

◁ 焙茶（Houjicha）

焙茶是将煎茶或番茶通过烘焙或煎烤制成的。烘焙茶鲜叶的创意是由一个京都商人在 1920 年想出来的，当时他手上有一批粗老的茶鲜叶，舍不得丢弃，于是就试着通过烘焙去除茶叶中的水分，从而将这批茶叶保存下来。在烘焙过程中，茶叶的颜色从绿色变为类似橡木的棕褐色，口感上失去了绿茶的青涩。烘焙的过程同时减少了茶叶中的咖啡因含量，所以焙茶通常可以供儿童饮用，或是作为不影响睡眠的夜间茶饮。

特征

焙茶的叶片呈褐色，焙烤后有大麦的甜香。茶汤呈棕褐色，口感清爽，有焦糖香。

冲泡指南

取 0.16 盎司（4.5 克）的干茶，放入 7 液体盎司（200 毫升）的沸水中，冲泡 15 ~ 30 秒。

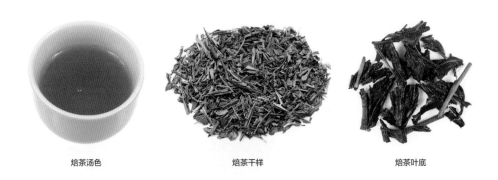

焙茶汤色   焙茶干样   焙茶叶底

◁ 玄米茶（Genmaicha）

在英语中，Genmaicha 的意思是"米茶"。日式玄米茶是由去壳的米粒和爆玉米花与番茶或中等级别煎茶拼配。

特征

茶叶和谷物拼配而成的玄米茶，汤色黄亮，有烘烤米香和略带咸味的风味。

冲泡指南

取 0.16 盎司（4.5 克）的干茶，放入 7 液体盎司（200 毫升）、180 ℉（82℃）的热水中，冲泡 1.5 分钟。

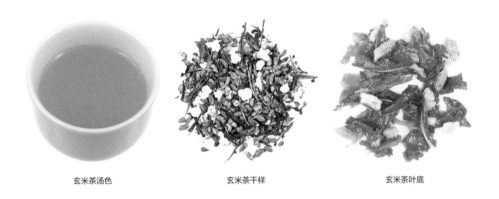

玄米茶汤色　　　　　　　玄米茶干样　　　　　　　玄米茶叶底

🍃 红茶

◁ 梦风纪红茶（Yumefuuki Black）

特征

这种特殊的红茶是由九州鹿儿岛萨摩英国馆（the Anglo-Satsuma Museum）馆长、绿茶顾问田中亲子（Kyoto Tankak）研制而成的。每年的春季和秋季之间，这里的茶叶可采摘 4 次，田中（Kyoto）通常会进行 4 次的茶叶采摘。他先将采摘后的鲜叶进行萎凋，再用机器和手工揉捻，然后在机器中进行氧化发酵，最后干燥。制成后的红碎茶外形匀齐，冲泡后，茶汤呈铜红色，香气浓郁。令人惊讶的是，竟然充满鲜甜的辛辣味和木材在日光曝晒下散发出的香味。

冲泡指南

取 0.09 盎司（2.5 克）的干茶，放入 7 液体盎司（200 毫升）的沸水中，冲泡 3 分钟。

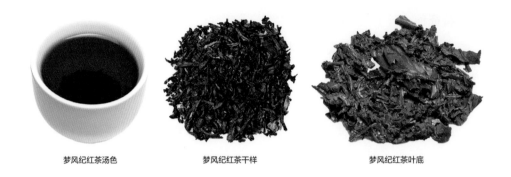

梦风纪红茶汤色   梦风纪红茶干样   梦风纪红茶叶底

肯尼亚 Kenyan Tea 的茶叶

    肯尼亚地处赤道，气候变化很小，茶树在那里一年四季长势良好。1903年，英国殖民者在基安布（Kiambu）地区的利穆鲁（Limuru）试种了一些茶树，这是肯尼亚关于茶的最早记载。此后，在肯尼亚的凯里乔（Kericho）和南迪（Nandi）两处高地，茶叶产量逐年缓步增加。

    在肯尼亚的低海拔地区，因为气温过高，茶树难以生存。因此肯尼亚的茶园都分布在海拔4500~7000英尺（1300~2200米）的山地，那里肥沃的火山土给茶树生长提供了良好的土壤条件。与此同时，从维多利亚湖上空蒸发的凉爽、潮湿的空气给山地带来了充沛的降水。如今，在肯尼亚400平方英里（644平方千米）的产茶区，生长着10亿多棵茶树。茶叶采摘几乎都是靠人工完成的，平均每个采茶人每天采摘大约3万个梢头。尽管肯尼亚的茶芽常年萌发生长，但最佳采茶时间是在1月底到2月初。

    1950年，肯尼亚政府为了监管该国重要的经济作物——茶叶的生产和发展，成立了肯尼亚茶叶委员会（Tea Board of Kenya）。1965年，肯尼亚茶叶发展局（Kenya Tea Development Authority，KTDA）成立，目的是鼓励和支持小型茶业种植园主在该国适宜地区推广茶叶种植。今天，肯尼亚超过12%的人口从事茶产业，从事茶叶生产的约有50万人。KTDA旗下现在有50万拥有小规模茶园的茶农，他们向98家茶叶加工厂提供茶鲜叶原料，其中63家加工厂由KTDA管理，其余的为跨国茶叶公司控股。KTDA旗下工厂的茶叶年加工量约为7.3815万吨鲜叶，全国茶叶总产量为9.528亿磅（4.322亿千克）。

肯尼亚大多数茶叶公司生产CTC红碎茶供应袋泡茶市场，随着世界各地的人们越来越关注传统工艺制作的茶叶，最近，KTDA开始在康盖塔（Kangaita）茶园开展传统制法的茶叶加工业务。他们精心挑选出一些无性系茶树，并用这批茶树鲜叶为原料，生产了一系列优质的大叶茶。同时，从印度进口了一批制茶机器用于工夫茶的生产。康盖塔茶园的尝试取得了巨大的成功，以至于扩大传统制法生产茶叶的呼声越来越高。一些肯尼亚生产商目前也生产不同品类的"天然"白茶和绿茶，因为这些茶叶生长在高海拔地区，没有什么病虫害，所以不需要杀虫剂；且茶树生长茂密，采摘面紧密相连，几乎没有杂草可以生长，因此也不需要除草剂。

为了生产出质量、品质俱佳的茶叶，减少加工过程中过多的环节，肯尼亚的茶叶生产有着严格的季节性。因此，成品干茶的外形看起来很杂乱，不

肯尼亚绵延起伏的山地被绿色的茶园覆盖

像其他的传统制法制作的茶叶那样匀整。白茶是尽可能自然干燥的，最后的机械干燥只是用来除去多余的水分。而无须氧化的绿茶在加工过程中，既不通过蒸气杀青也不需要铁锅炒制，只是简单地在转子揉捻机上完成揉捻，之后进行干燥。

🍃 红茶

◁ 肯尼亚碎橙黄白毫拼配茶

肯尼亚红碎茶通常被用来拼配早餐茶，起到增味增色的作用，但是它们也可以单独饮用，碎橙黄白毫特别适合搭配油腻的富含巧克力的食物。

特征

干茶细砂粒状，呈深褐色。冲泡后，茶汤浓红，滋味浓强纯正。

冲泡指南

取 0.09 盎司（2.5 克）的干茶，放入 7 液体盎司（200 毫升）的沸水中，冲泡 2~3 分钟。

肯尼亚碎橙黄白毫拼配茶汤色　　　肯尼亚碎橙黄白毫拼配茶干样　　　肯尼亚碎橙黄白毫拼配茶叶底

◁ 康盖塔橙黄白毫

产于 KTDA 下属的茶叶种植园，这种高品质茶现在正在进入世界各地的利基市场和特产市场。

特征

外形匀整，干叶呈栗褐色，冲泡后的茶汤为深琥珀色，香气鲜浓宜人，滋味浓强爽滑。

冲泡指南

取 0.09 盎司（2.5 克）的干茶，放入 7 液体盎司（200 毫升）的沸水中，冲泡 4～5 分钟。

康盖塔橙黄白毫汤色

康盖塔橙黄白毫干样

康盖塔橙黄白毫叶底

🍃 白茶

◁ 银背白茶（Silverback White）

特征

产地在海拔 6500 英尺（1707 米）的肯尼亚南迪地区，年产量不到 2200 磅（1000 千克），可谓是一种真正的工匠茶。这种由芽尖制成的茶，汤色呈淡琥珀色（浅橙黄），香气嫩爽，滋味清甜，麦香中带着淡淡的栗香，以及类似蜂蜜和桃子的甜香。

冲泡指南

取 0.09 盎司（2.5 克）的干茶，放入 7 液体盎司（200 毫升）、167 ℉（75℃）的热水中，冲泡 5～6 分钟。

银背白茶汤色

银背白茶干样

银背白茶叶底

◁ 南迪萨法尔白茶（Nandi Safari White）

特征

这种茶的特点是银色的芽尖混合着黄绿色整叶和碎叶。冲泡后的茶汤呈浅橙黄，滋味鲜醇爽滑，香气鲜纯，有传统玫瑰和干草的甜香。

冲泡指南

取 0.09 盎司（2.5 克）的干茶，放入 7 液体盎司（200 毫升）、167 ℉（75℃）的热水中，冲泡 5 分钟。

南迪萨法尔白茶汤色　　　　南迪萨法尔白茶干样　　　　南迪萨法尔白茶叶底

🍃 绿茶

◁ 绿碎茶（Green Natural Dryer Mouth）

特征

原料取自高海拔地区的茶树，用转子揉切机将叶片切断，然后干燥。外形就像是刚刚用烘干机烘干还没有分级的毛茶一样。这种茶混合了包括片茶、纤维状和细小的末茶颗粒等各种等级。干茶冲泡后汤色橙黄明亮，花香馥郁，有着香草味，带有夏日玫瑰诱人的香气。

绿碎茶汤色　　　　　　绿碎茶干样　　　　　　绿碎茶叶底

冲泡指南

取 0.09 盎司（2.5 克）的干茶，放入 7 液体盎司（200 毫升）、167 ℉（75℃）的热水中，冲泡 3 分钟。

马拉维的茶叶 Malawi Tea

1878 年，时称尼亚萨兰（Nyasaland）的马拉维开始种植茶叶，茶树的种子来自爱丁堡的皇家植物园。当开始建立姆兰杰（Mulanje）畈地和夏尔高地的乔洛（Thyolo）两处茶叶种植园时，是用南非纳塔尔（Natal）的茶树种子进行播种的，而那里的茶树最早是从斯里兰卡移植的。马拉维的气候多变，很不利于茶树生长，无性系茶树的引入解决了这个问题。事实上，马拉维是第一个采用无性系茶树改植换种、进行茶园更新的非洲国家。

马拉维的茶叶采摘主要是在每年的夏季（10 月到次年 4 月）进行，这段时间雨水充沛，茶树一直在萌芽生长。目前，马拉维茶树种植面积约为 4.65 万英亩（1.88 万公顷），茶叶年产量约 9824 万磅（4456 万千克），其中 9620 万磅（4364 万千克）供出口。马拉维仅次于肯尼亚，是非洲第二大茶叶生产国。过去，马拉维只生产 CTC 红茶，当地产的 CTC 红茶因其汤色红亮、味道浓郁而著称，是袋泡茶和散装拼配茶的优质原料。而如今，就像在其他非洲产茶地区一样，马拉维也开始生产更多的特色茶叶。例如，于 1920 年成立于夏尔高地布兰太尔（Blantyre）市北部的萨特姆瓦（Satemwa）茶叶有限公司的第三代公司，2006 年开始生产特制的白茶和绿茶，今天这家公司可以向市场供应 5 种传统红茶、7 种白茶、2 种绿茶（一种是蒸青，一种是炒青），还有 1 种开面采的乌龙茶、1 种类似陈年普洱的黑茶，以及风味绿茶、白茶和红茶。在萨特姆瓦公司开始生产这些手工茶之前，没有人知道一直被认为只能加工成味道浓烈的 CTC 红茶的阿萨姆种，还可以用来制作散发着野生玫瑰花香、清新雅致的白茶，以及带有杏果香味、温和爽口的绿茶。

🌿 白茶

◄ 萨特姆瓦鹿角白茶（Satemwa Antlers）

特征

这种茶非常稀有，即便是在马拉维的手工制作茶中也是独一无二的。萨特姆瓦（Satemwa）茶庄生产的鹿角白茶是用新梢多汁的茎梗制成，那里的香气物质最为集中。制作这种罕见而特殊的茶叶需要高超的技艺和耐心。茶鲜叶和芽尖被小心翼翼地采摘下来，分别制成"针"形和"牡丹"形干茶。之所以得名"鹿角"，是因为干燥后的茎梗柔软光滑，外观似早春的鹿角。萨特姆瓦鹿角白茶的茶汤呈淡琥珀色，带有柔和甜美的玫瑰花香和木材在日光曝晒下的香味。

冲泡指南

取 0.09～0.10 盎司（2.5～3 克）的干茶，放入 7 液体盎司（200 毫升）、温度为 167 ℉（75℃）的热水中，冲泡 5 分钟。滤出茶汤后，最多可加水续泡 6～7 次。

萨特姆瓦鹿角白茶汤色　　　　萨特姆瓦鹿角白茶干样　　　　萨特姆瓦鹿角白茶叶底

◁ 萨特姆瓦针茶（Satemwa Needles）

特征

这种白茶由姆兰杰变种茶树新梢萌发后尚未展叶的细长嫩芽制成。茶汤清芬甘爽，带有熟苹果的味道。当地其他的茶树品种如松巴（Zomba）和齐尔瓦（Chilwa），也可制成类似的针形茶，和萨特姆瓦针茶一样，它们都具有同样优雅的银白色条纹外观。

冲泡指南

取 0.09 ~ 0.10 盎司（2.5 ~ 3 克）的干茶，放入 7 液体盎司（200 毫升）、167 ℉（75℃）的热水中，冲泡 5 分钟。滤出茶汤后，可加水续泡数次。

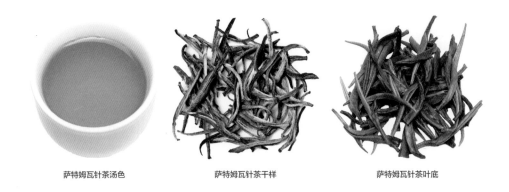

萨特姆瓦针茶汤色　　　　　萨特姆瓦针茶干样　　　　　萨特姆瓦针茶叶底

◁ 乔洛牡丹茶（Thyolo Peony）

特征

这种白茶是由萨利马（Salima）茶树变种新梢的一芽二叶制成，巧克力深棕色的叶片与银色毫尖和茎梗相连，冲泡后，汤色橙黄，混合着干草香和柠檬清甜的香味，回味绵长，带有黑胡椒的韵味。

冲泡指南

取 0.09 ~ 0.10 盎司（2.5 ~ 3 克）的干茶用热水润洗 5 秒钟，然后将水倒掉，用 7 液体盎司（200 毫升）、167 ℉（75℃）的热水冲泡 5 分钟。

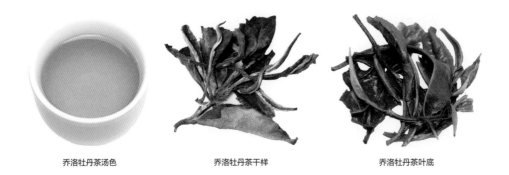

乔洛牡丹茶汤色　　　　　　乔洛牡丹茶干样　　　　　　乔洛牡丹茶叶底

🍃 红茶

◁ 南明奥巴红茶（Namingomba Black）

特征

一种优质无性系小叶种的 CTC 红碎茶，茶汤呈铜红色，滋味浓厚，适合搭配牛奶饮用。

冲泡指南

取 0.09 盎司（2.5 克）的干茶，放入 7 液体盎司（200 毫升）的沸水中，冲泡 3 分钟。

南明奥巴红茶汤色　　　　　　南明奥巴红茶干样　　　　　　南明奥巴红茶叶底

马来西亚的茶叶

Malaysian Tea

马来西亚第一个茶叶种植园于 1929 年在卡梅伦高地（Cameron Highlands）建成，种植园的主人是一位英国公务员的儿子。他将茶园命名为伯敖"Boh"（取自"Bohea"）。"Bohea"一词源于中国福建方言中"武夷"的发音，因为欧洲早期进口的红茶都来自中国福建武夷山，"Bohea"后来逐渐成为茶的常用别名。

卡梅伦高地是以苏格兰测绘员威廉姆·卡梅伦（William Camera）的名字命名的，他于 1885 年发现了这一地区。卡梅伦高地被誉为"马来西亚的绿碗"，那里拥有茶叶种植的一切有利条件：适宜的温度、充沛的降水量、充

一派生机盎然的马来西亚卡梅伦高地茶园

足的阳光、排水性能良好的土壤以及高海拔的地理位置。伯敖茶园的 Sdn. Bhd 如今拥有 4 家茶园：伯敖（Boh）、桑给·帕拉斯（Sungei Palas）、费尔利（Fairlie）以及雪来莪州（Selangor）的布基奇丁（Bukit Cheeding），每年生产约 880 万磅（400 万千克）的干茶，约占马来西亚茶叶总产量的 70%。该地区的其他茶庄包括巴拉特茶庄（Bharat tea Estate）和沙巴茶庄（Sabah）。这里出产的工夫红茶，汤色红艳明亮，金圈厚，滋味鲜爽醇和。

红茶

◁ 伯敖帕拉斯顶级红茶（Boh Palas Supreme）

特征

这种花白毫是一种正统制法的红茶，外观匀齐微卷。冲泡后的茶汤呈明亮的铜红色，味道清新柔滑，带有葡萄干的甜味。

冲泡指南

取 0.09 ~ 0.10 盎司（2.5 ~ 3 克）的干茶，放入 7 液体盎司（200 毫升）的沸水中，冲泡 4 分钟。

伯敖帕拉斯顶级红茶汤色　　　伯敖帕拉斯顶级红茶干样　　　伯敖帕拉斯顶级红茶叶底

尼泊尔的茶叶 Nepalese Tea

尼泊尔最早的茶树是用中国皇帝送给尼泊尔首相忠格·巴哈杜尔·拉纳（Jung Bahdur Rana）的茶树种子播种培育的。1863 年，尼泊尔在东部山地伊拉姆（Ilam）地区建成了本国的第一个茶叶种植园，1865 年在特莱（Terai）低地的索克提姆（Soktim）建成了第二个茶园。1982 年，尼泊尔政府宣布东部 5 个地区——伊哈帕（Ihapa）、伊拉姆（Ilam）、潘克塔尔（Panchthar）、泰哈图姆（Terhathumt）和丹库塔（Dhankuta）为产茶区，并鼓励当地的小型农场主开辟更多的茶园。目前，尼泊尔的生产茶园面积达 4.1311 万英亩（1.6718 万公顷），茶叶年产量为 4030 万磅（183 万千克）。

尼泊尔东部茶园位于海拔 3000 ~ 7000 英尺（915 ~ 2200 米）的高原山地，那里种植的大多是中国种茶树，它们更能抵御高海拔的低温天气。而分布在特莱（Terai）的低洼冲积平原上的茶园，海拔只有 1666 英尺（506 米）。在尼泊尔，大约有 1.8 万户小型家庭茶园，140 家大型茶场或茶庄园，以及 40 座茶叶加工厂。

经过严寒冬季的休眠之后，尼泊尔的茶树在 2 月底开始萌发新芽，第一轮春茶的采摘从那时起可一直持续到 4 月。

尼泊尔古兰斯（Guranse）茶园里正在休眠的茶树被一场冬雪覆盖

首轮春茶冲泡后的茶叶汤色浅黄，味道柔和细腻。5—6月，可以采摘第二轮更为成熟的茶叶，味道更醇，且果香浓郁。从6月中旬到9月底，季风给这一地区带来大量降雨，这个季节生长的茶树新梢含水量更高，干茶颜色更深，滋味更浓。而10月采摘的秋茶香气更加浓郁，具有明显的麝香味。

在尼泊尔，低海拔地区生产的茶叶几乎都是CTC红碎茶，而高海拔的茶园则向国际名优特色茶叶市场输送系列高品质的工夫红茶、白茶、绿茶和乌龙茶。

🍃 红茶

◣ 古兰斯头摘有机红茶（First Flush Guranse Organic）

特征

成品茶外形精美细嫩，干茶色泽栗褐，有大量金黄色毫尖。茶汤呈琥珀色，有一种木质的香气，清甜芬芳，近似大吉岭红茶。

冲泡指南

取0.09盎司（2.5克）的干茶，放入7液体盎司（200毫升）的沸水中，冲泡3～4分钟。

古兰斯头摘有机红茶汤色 　　　　古兰斯头摘有机红茶干样 　　　　古兰斯头摘有机红茶叶底

◣ 秋季特级金花橙黄白毫（Autumnal STGFOP1）

特征

干茶呈现银、绿、棕三种混合色调，带金黄色的毫尖。茶汤为红亮透明的浅蜂蜜色，香气淡雅柔和，略带栗香。

冲泡指南

取 0.09 盎司（2.5 克）的干茶，放入 7 液体盎司（200 毫升）的沸水中，冲泡 3~4 分钟。

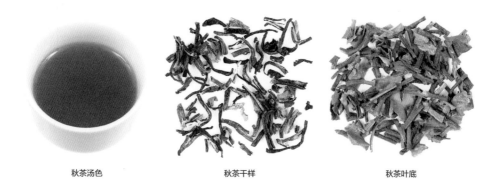

| 秋茶汤色 | 秋茶干样 | 秋茶叶底 |

🌿 绿茶

◁ 尼泊尔绿茶（Nepalese Green）

特征

这种色泽鲜活的蒸青绿茶产自古兰斯（Guranse）茶庄，汤色橙黄明亮，香气高爽，果香悠长。

冲泡指南

取 0.09 盎司（2.5 克）的干茶，放入 7 液体盎司（200 毫升）、165 ℉（100℃）的热水中，冲泡 3~4 分钟。

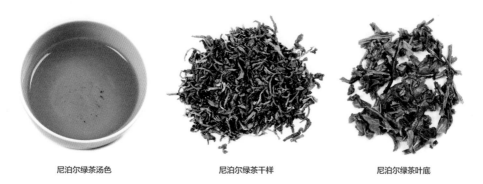

| 尼泊尔绿茶汤色 | 尼泊尔绿茶干样 | 尼泊尔绿茶叶底 |

🍃 乌龙茶

◁ 有机雷乌龙茶（Organic Thunder Oolong）

特征

做工精细，条索细长扭曲，多细嫩显毫、色泽泛白的芽叶。有机雷乌龙茶花香浓郁，像产自喜马拉雅地区的其他茶品一样，坚果味浓，这也是世界各地半发酵手工茶的普遍特色。

冲泡指南

取 0.18 盎司（5 克）的干茶，放入 5.25 液体盎司（150 毫升）、194 ℉（90℃）的热水中，冲泡 1 分钟。滤出茶汤，加水可续泡数次。第三泡后，冲泡的时间要适当延长。

有机雷乌龙茶汤色　　　　　　有机雷乌龙茶干样　　　　　　有机雷乌龙茶叶底

新西兰的茶叶　New Zealand Tea

1996 年，来自中国台湾的移民陈氏一家开始在新西兰种植茶叶。移民到新西兰以后，陈氏一家居住在北岛汉密尔顿附近，他们很快意识到那里非常适合茶叶种植，于是他们就买下了 15 英亩（6 公顷）曾经是养牛场的一片土

新西兰泽龙（Zea-
long）茶园日落景象

地，并从中国台湾进口了数千只茶树插穗，开始在这片养牛场上试种茶树。
2000 年，他们建成了一个 11 英亩（4.5 公顷）的小型茶园和一个茶叶加工厂，
并在 2009 年推出了第一款泽龙（Zealong）乌龙茶。2012 年，陈氏家族将发
展重心转移到附近的戈登顿（Gordonton），并在那里新建了一个 100 英亩（40
公顷）的茶庄，种植了 120 万株茶树，还建成了一座占地 9700 平方英尺（900
平方米）的加工厂，年生产茶叶近 4.8502 万磅（2.2 万千克）。这家茶庄的经
营者文森特·陈的目标是种植 200 万株茶树，并将茶叶年产量提高到 9.9208
万磅（4.5 万千克）。这里的茶叶采摘都是手工完成的，采摘后的茶叶被制成
乌润的纯正（精焙）乌龙、有着纯净果味和花香的清香乌龙、带有浓郁坚果
味的碳香乌龙，以及散发着温润果香的红茶等 4 种口味的茶叶。这个新西兰
茶庄还生产一种特殊的绿茶，香气浓郁，有着包种茶一样的甜醇。

🍃 绿茶

◁ 泽龙绿茶（Zealong Green）

特征

泽龙绿茶是一种中式炒青绿茶。干茶条索卷曲，色泽花杂，浅绿夹杂着深绿。汤色黄绿，有淡淡的花香和栗香。

冲泡指南

取 0.09～0.10 盎司（2.5～3 克）的干茶，放入 7 液体盎司（200 毫升）、176 ℉（80℃）的热水中，冲泡 1 分钟。第二泡需 2 分钟。

泽龙绿茶汤色　　　　　　泽龙绿茶干样　　　　　　泽龙绿茶叶底

🍃 乌龙茶

◁ 泽龙纯茶（Zealong Pure）

特征

用中国台湾传统的加工工艺制成，成品茶芽叶卷曲紧结，呈玉白色颗粒状。冲泡后，卷曲的芽叶逐渐舒展，汤色绿黄，鲜甜爽口，花香浓郁。

泽龙纯茶汤色　　　　　　泽龙纯茶干样　　　　　　泽龙纯茶叶底

冲泡指南

取 0.18 盎司（5 克）的干茶，放入 5.25 液体盎司（150 毫升）、194 ℉（90℃）的热水中，冲泡 1 分钟。滤出茶汤后，可加水续泡数次。在第三泡之后，适量延长冲泡时间。

◁ 泽龙碳香乌龙茶

特征

球形的泽龙碳香乌龙茶，外形小巧匀整，在干燥过程中需经过长时间的烘烤，才能形成浓郁纯和、花香馥郁的风味，并散发着黑巧克力和木炭的香气。

冲泡指南

取 0.18 盎司（5 克）的干茶，放入 5.25 液体盎司（150 毫升）、203 ℉（95℃）的热水中，冲泡 1 分钟。茶汤滤出后，可加水续泡数次。在第三泡之后，适当延长冲泡时间。

泽龙碳香乌龙茶汤色　　　　　泽龙碳香乌龙茶干样　　　　　泽龙碳香乌龙叶底

🌿 红茶

◁ 泽龙红茶

特征

这款红茶的干茶外形细紧，呈深桃花心木色调，略带李红色。汤色红艳，滋味醇厚柔滑，带有优雅的蜂蜜香味及淡淡的木炭和麦芽气息。

冲泡指南

取 0.10 盎司（3 克）的干茶，放入 7 液体盎司（200 毫升）、203 ℉

（95℃）的热水中，冲泡 3~4 分钟。滤出茶汤后，可加水续泡，再次冲泡时间为 4~5 分钟。

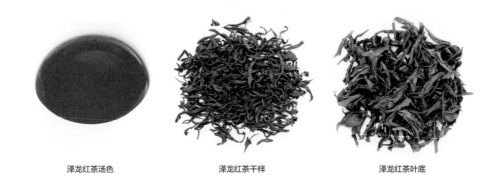

泽龙红茶汤色　　　　　　　泽龙红茶干样　　　　　　　泽龙红茶叶底

卢旺达的茶叶 Rwandan Tea

　　卢旺达的茶产业建立于 20 世纪 50 年代，由于土地肥沃、雨量充沛，该国所产茶叶品质优良。20 世纪 90 年代，卢旺达的内战导致了茶行业的彻底消亡，战后很多年才重新走上轨道。2004 年，卢旺达的茶业实现了私有化，现在由一个新的茶业委员会负责茶产业的发展，并协调小型茶农和茶叶加工厂之间的合作。一些加工厂除了从茶农手中购买茶叶鲜叶，自己也种植茶树。卢旺达现有茶树种植面积约 5.3 万英亩（2.15 万公顷），茶叶总产量从 2003 年的 2790 万磅（1270 万千克）增加到 2012 年的近 5180 万磅（2350 万千克）。

　　2014 年，卢旺达政府开始实施一项扩种计划，计划将茶叶种植面积再扩大 4.45 万英亩（1.8 万公顷）。目前卢旺达主要生产 CTC 红茶，也生产一些绿茶，计划在不久的将来同时生产工夫红茶。1975 年由乔·韦特海姆（Joe Wertheim）创立的萨瓦特（Sorwathe，或 Societe Rwandaise pour la Production

卢旺达茶园生产的茶叶为加工绿茶、CTC 红碎茶和工夫红茶提供原料

and la Commercialisation）茶叶公司，如今已经开始在其位于卢旺达西部高地的鲁克里（Rukeri）加工厂生产工夫红茶。

🍃 红茶

◢ 吉索伍（Gisovu）红茶

特征

这款 CTC 红茶色泽乌润、颗粒紧细，但冲泡后，汤色浓红，滋味浓强，香气高锐。

冲泡指南

取 0.09 盎司（2.5 克）的干茶，放入 7 液体盎司（200 毫升）、122～131 ℉

吉索伍红茶汤色

吉索伍红茶干样

吉索伍红茶叶底

（50～55℃）的热水中，冲泡 1.5 分钟。滤出茶汤后，最多可加水续泡 3 次。

韩国的茶叶 South Korean Tea

　　通常认为，朝鲜半岛的茶是在六七世纪，由一些从中国学习佛法归来的僧侣引入的。在古代朝鲜，茶不仅是特权阶层的奢侈饮品，而且在佛教仪式和传统庆典中也扮演着重要的角色。茶曾是敬献给高僧的贡品，这些高僧不但用茶供奉佛陀，自己也饮茶。他们把喝茶作为修炼佛法、提升修为的一种方式，并借助饮茶营造一种和谐的交流氛围。14 世纪，儒家思想取代佛教成为朝鲜王室的治国理念，佛教遭排斥，佛教寺庙被破坏，饮茶之风也受到打压。很多僧侣被迫退隐山林，但他们保留了饮茶的习惯，并发展形成了自己的品饮习俗。在这期间，早期种植的一些茶树因无人管护，成为野生状态，当地居民从这些树上采摘芽叶，干燥后泡茶饮用。时至今日，人们仍旧从这些茶树上采摘鲜叶，并将之制成一种非常特殊的绿茶。

　　16 世纪 90 年代，日本的入侵进一步扰乱了朝鲜半岛的民间饮茶习俗。在这期间，米酒成为一些重要仪式和活动的公众饮品并广受欢迎。尽管如此，饮茶习俗仍得以残存，并作为朝鲜半岛传统文化的一种礼仪构成流传下来。19 世纪初，著名的儒家学者丁若镛（Chong Yag-yong）被流放到半岛南部地区，他向那里的僧侣学习了制茶和品饮的方法，由此开启了韩国茶文化的复兴。在他的影响下，隐居于头轮山（Taehung-sa）的年轻僧人——草衣禅师（Cho-ui，朝鲜王朝后期的大禅师，韩国茶道体系的创始人）创作了一首著名的赞颂茶的诗歌（《乞茗疏》），至今仍广为流传。这些事件最终引发了一场新运动，20 世纪 70 年代在尊者孝当（Venerable Hyo Dang）（译者注：

崔北南，朝鲜半岛茶文化历史上极具影响力的人物，致力于重建韩国传统茶文化，后被世人称为"尊者孝当"）的推动下，在韩国倡导重建茶道。崔北南组织人员对地处偏僻、年久失修的寺庙进行修缮，撰写并出版了现代韩国第一本茶学专著《茶道》（*The Way of Tea*）。为了继续推广他的茶文化教学，1983 年成立了帕亚罗（Panyaro）茶道推广研究所。如今，韩国的茶文化传统正在复兴，发展势头良好。

在南部城市全州（Chonju）以南地区，覆盖着大约 5900 英亩（2400 公顷）的茶园，茶叶年产量约为 600 万磅（270 万千克）。在河东村（Hadong）附近的智异山（Jirisan）的山坡上是一些小型茶园，而较大的茶园分布在康津（Kangjin）附近的宝城（Boseong）和济州岛（Jeju Island），雪绿茶（O'Sulloc）茶庄不光在这里种植茶树，还经营着一个茶叶博物馆。一排排整齐的茶树看起来和日本茶园极其相似，茶叶采摘面也是光滑的圆形，而不是平面。每年 4 月初，茶树开始萌芽，在生长季节最初两个月的时间里，主要由采茶女工手工采摘的鲜叶被制成最好的春茶。5 月过后，叶片开始变得粗老，失去了优质茶叶浓郁的香气。价格最高、品质最好的茶被称为 Ujon，是在每年 4 月 20 日左右春季第一个节气谷雨（koku-u）①之前制成的。在谷雨和下一个节气立夏（Ipha）②之间制作的茶被称为细雀（Sejak），而立夏之后采摘的茶被称为中雀（Jung-jark）。所有在 5 月 15 日以后采摘生产的茶都被称为 Dae-jark。如果一年中天气反常，春季到来后，仍有持续霜冻和低温，那么采茶日期可能会后延到传统节气之后。采摘的时间越早，茶的香气和风味就越细腻，泡茶的水温就应该越低。以上这些都是绿茶，统称为绿茶（Nokcha），这种茶分为两种类型：釜炒茶（Puch'och'a，最常见的制作类型）和青茶（Chung-ch'a）。

---

① 译者注："二十四节气"是中国古代订立的一种指导农事的补充历法，也是一种体现中国古代科学智慧、具有一定科学性与实用性的传统文化，并指导着东亚、东南亚很多国家和地区的农业生产活动。此处的 koku-u 相当于中国二十四节气中的谷雨，但原文中将之表述为春季第一个节气 "the first spring festival"，说法不够准确。以春分为标志，进入春季后的第一个节气应为"清明"。

② 每年的 5 月 5 日或 6 日，相当于中国二十四节气的"立夏"。

用以制作釜炒茶的
茶鲜叶

为了制作釜炒茶，茶鲜叶必须在采摘后的 24 小时内进行干燥、抑制氧化酶的活性。如果是机械化生产，通常是将茶叶置入一个旋转的干燥炉内，用热风促其干燥；如果是手工制作，则是把茶叶放入以木头或燃气作为燃料加热的锅内进行炒制。然后将杀青软化的茶叶搓揉成韩国绿茶特有的微卷或卷曲外形。第一次揉捻后，叶片又被放回锅中进行复干，然后再复揉、复火干燥。这两个过程要重复高达 9 次，直到茶叶几乎完全干燥。

制作青茶，需将茶鲜叶放入几乎沸腾的水中过水杀青，然后捞出沥干，在热锅中干燥，在此过程中，做形和干燥同时进行。在烘干茶叶的过程中，为保护双手不被烫伤，制茶工匠会戴上手套，在锅底按压、揉捻并翻炒茶叶，直至几乎完全干燥。这项工作需要娴熟的技艺，为确保茶叶不被烤焦，必须人工将茶叶在大型炒锅底部不断进行翻炒。

另一种不太常见的绿茶是蒸制茶（Jengjai-cha），须将茶叶蒸汽杀青30～40 秒后再晾干，蒸青是为了使叶子保持鲜绿。这种茶冲泡以后的特征类似日本的煎茶。

🍃 绿茶

◁ 绿茶（Nokcha）

特征

Nokcha 意即"绿茶"，这种稀有茶品产自全罗道宝城山地茶园。绿茶干茶条索卷曲，冲泡后汤色绿黄鲜亮，甜香怡人，有类似饼干的味道。

冲泡指南

取 0.09 盎司（2.5 克）的干茶，放入 7 液体盎司（200 毫升）、140～158 ℉（60～70℃）的热水中，冲泡 1.5 分钟。滤出茶汤后，可加水再续泡 3 次。

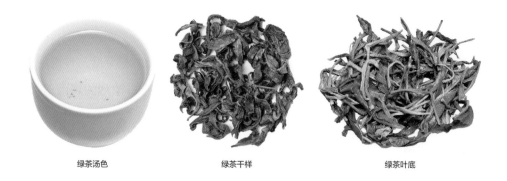

绿茶汤色　　　　　　　　　　绿茶干样　　　　　　　　　　绿茶叶底

◁ 雀舌（Sparrow's Tongue/Chaksol Cha）

特征

雀舌是韩国最著名的绿茶，有时也被称为雨前茶（Woojeon）。它是由最小的茶树嫩芽制成的，采摘时间通常在 4 月 20 日到 5 月初之间。这种微卷的墨绿色茶叶因其大小和芽尖的外形酷似"雀舌"而得名。这种特殊的茶产自智异山（Chiri-san）附近的华盖（Hwagae）茶园。冲泡后的茶汤清澈，呈浅黄绿色，香高味甜，爽滑淡雅，略带干草的味道。

冲泡指南

取 0.09 盎司（2.5 克）的干茶，放入 7 液体盎司（200 毫升）、122～131 ℉（50～55℃）的热水中，冲泡 1.5 分钟。茶汤滤出后，可加水再续泡 3 次。

雀舌汤色　　　　　　　　雀舌干样　　　　　　　　雀舌叶底

🍃 乌龙茶

◁ 黄茶（Hwang Cha）

特征

黄茶为半发酵炒制茶，原料选用 4 月手工采摘的首轮新梢芽叶。冲泡后，香气浓郁，汤色橙黄清澈，口感柔滑。干茶色泽乌润，带有浓烈的烤南瓜香味。叶底软亮匀齐，带有巧克力般的丝滑，风味醇厚怡人。

冲泡指南

取 0.09 ~ 0.10 盎司（2.53 克）的干茶，放入 7 液体盎司（200 毫升）、185 ℉（85℃）的热水中，可快速冲泡出多种风味的茶饮。

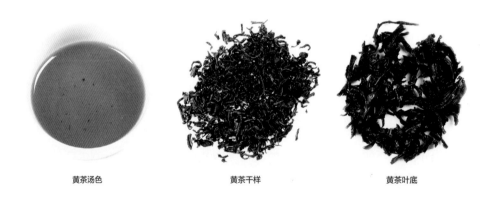

黄茶汤色　　　　　　　　黄茶干样　　　　　　　　黄茶叶底

🍃 红茶

◁ 韩国红茶（Korean Black）

韩国生产的大部分都是绿茶，也有一些生产商制作少量手工红茶。

特征

外形条索肥壮，紧结卷曲；色泽乌润，略带灰光；有锋苗。冲泡后，茶汤呈铜红色，带类似葡萄干的果味，回甘持久。

冲泡指南

取 0.09 盎司（2.5 克）的干茶，放入 7 液体盎司（200 毫升）、140 ℉（60℃）的热水中，冲泡 2 分钟。茶汤滤出后，可续水再冲泡 3 次。

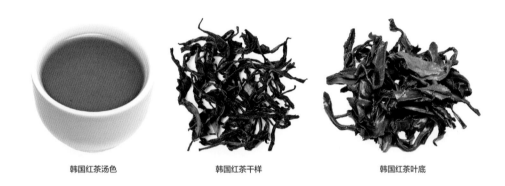

韩国红茶汤色　　　　　韩国红茶干样　　　　　韩国红茶叶底

斯里兰卡的茶叶　Sri Lankan Tea

直到 19 世纪 60 年代，咖啡仍是锡兰（现斯里兰卡）岛上种植的主要作物。但 1869 年，大面积的咖啡园遭到咖啡锈菌的破坏，为避免种植园彻底毁于该病，种植园主被迫转向多样化种植。而早在 19 世纪 50 年代，卢尔康德拉（Loolecondera）咖啡庄园就已开始考虑在咖啡园改植换种茶树。1866 年，庄园主选择了一个坚毅、果敢、勤奋的苏格兰人——詹姆斯·泰勒（James Taylor），由他来负责监管种植园里第一批茶树种子的播种。泰勒凭借自己在印度学到的一些茶叶生产的基本知识，在自家平房的阳台上试制红茶。他用手工揉捻茶叶，然后将氧化过的茶叶放在黏土炉上用炭火加热烘干，这个尝试取得了成功。在此基础上，他们于1872年建立了一个设备齐全的茶叶加工厂，并于1873年，在伦敦拍卖会上售出第一批锡兰茶叶。有了这些试验性的开端，锡兰茶业迅速发展，茶叶年产量从1880年的23磅（10.5千克）增加到1890年的近25吨。1883年，一家名为萨默维尔（Mssrs. Sommerville & Co.）的公司在首都科伦坡举行了第一次锡兰茶的拍卖会。如今，科伦坡的茶叶拍卖会每周交易近1320万磅（600万千克）的茶叶，成为世界上最大的

绿油油的茶园成为斯里兰卡高地的一道独特风景

茶叶拍卖中心。目前，斯里兰卡每年的茶叶总产量约为7.32亿磅（3.32亿千克）。

1993年，随着全球范围内袋泡茶市场对碎叶茶的需求不断增加，斯里兰卡政府通过提供经济激励措施，鼓励生产商从传统的生产方式转变为CTC生产方式，但这一尝试以失败告终，现在已经有40多家工厂恢复了传统的生产方式。而继续运营的CTC工厂大多位于该国的低海拔茶叶产区，他们正从那些需要优质茶叶原料生产袋泡茶的国际客户那里获得越来越多的订单。也有一些生产商不再批量出口茶叶，而是在加工厂直接将拼配茶、散茶和茶包等包装好再进行销售，从而提升产品价值。还有些生产商已经开始生产绿茶和有机茶，以满足不断变化的全球茶叶市场需求。随着苏联、阿联酋、叙利亚、土耳其、伊朗、沙特阿拉伯、伊拉克、埃及、日本和英国等重要市场的订单不断增加，斯里兰卡茶产业已稳步发展至一个新阶段。

斯里兰卡的茶园位于该国中南部海拔1500～8000英尺（460～2450米）的山地和丘陵，那里有7个重点产茶区：卢哈纳茶区（Ruhuna），南部省份的中、低海拔茶区；康提茶区（Candy），位于古都周围的中海拔茶区，这里曾建成斯里兰卡第一个茶园；萨坝拉加穆瓦茶区（Sabaragamuwa），涵盖中部

斯里兰卡科克斯瓦尔德（Kirkoswald）茶园等待发货的新茶

山脉西坡和西南部山麓的低海拔茶区；汀布拉茶区（Dimbula），位于中部山脉西部的高海拔茶区；乌瓦茶区（Uva），位于汀布拉东部的高海拔茶区；乌达普沙拉瓦茶区（Uda Pussellawa），位于康提和乌瓦之间的高海拔茶区；努瓦拉埃利亚茶区（Nuwara Eliya），是斯里兰卡平均海拔最高的茶叶产区，有几款最好的锡兰茶就产自这里。

斯里兰卡每个产茶区都有自己独特的气候模式和地理特征，正是这些不同的自然和环境条件，赋予不同产地的茶叶各具特色的风味和香气。低海拔茶区的茶品质好，但有时缺乏高海拔地区茶的高爽、明亮的味道，所以经常用于制作拼配茶。中海拔茶区的茶口感更丰富，味道更浓郁，并具有良好的色泽。而高海拔茶区的茶叶被认为是斯里兰卡最好的产品，冲泡以后汤色金黄明亮，滋味浓强。在汀布拉，最好的茶叶是在每年 12 月到第二年 3 月之间的旱季采摘的。这期间生产的茶汤色金橙明亮，香气浓郁，滋味醇厚。7 月下旬到 8 月，干燥的季风吹过乌瓦，茶树因自我保护而生长停滞，一旦季风结束，9 月的高品质茶香气会特别馥郁，是世界上其他任何地方的茶叶无法比拟的。

🍃 红茶

◁ 汀布拉科克斯瓦尔德橙黄白毫（Dimbula Kirkosword OP）

斯里兰卡半岛茶叶种植区的西部是重要的汀布拉茶区。每年 8—9 月，季风带来大量降雨，茶叶最佳采摘期从 12 月开始，一直持续到第二年 3 月和 4 月。汀布拉茶以其饱满的风味、浓强的口感和奇特的香气而闻名。随着采摘时间的变化，汀布拉茶的香气从浓郁变得淡雅，味道也会随之变化。

特征

汀布拉这座荣获过茶叶大奖的茶庄生产的茶叶，经过冲泡后，汤色金黄，香气浓郁饱满。

冲泡指南

取 0.09 盎司（2.5 克）的干茶，放入 7 液体盎司（200 毫升）的沸水中，冲泡 4 分钟。

科克斯瓦尔德红茶汤色　　　　　　科克斯瓦尔德红茶干样　　　　　　科克斯瓦尔德红茶叶底

≺ 努瓦拉埃利亚情人的跳跃（Nuwara Eliya Lovers' Leap）

这种茶产于斯里兰卡海拔最高的努瓦拉埃利亚（Nuwara Eliya）茶区，通常被称为斯里兰卡的"茶中香槟"，受到全球各地爱茶人的青睐。产自该地区品质最好的茶，其汤色金黄明亮，滋味鲜爽柔滑，香气高雅。

特征

冲泡后，有轻快的焦香味和高雅的花香，风味淡雅，尤适晚餐后品饮。

冲泡指南

取 0.09 盎司（2.5 克）的干茶，放入 7 液体盎司（200 毫升）的沸水中，冲泡 4~5 分钟。

情人的跳跃汤色　　　　　　　　　情人的跳跃干样　　　　　　　　　情人的跳跃叶底

≺ 卢哈纳蓝毗尼红茶（Ruhunal Lumbini Estate）

产于卢哈纳低海拔茶区蓝毗尼园的红茶，条索肥大乌黑、外形秀丽，金黄、银色芽毫显。这种茶的成功开发，促使更多的小型私人种植园主开始在卢哈纳栽植茶树。

特征

蓝毗尼茶园生产的这种茶味道浓强爽滑，有着某种中国红茶的烟熏味。非常适合搭配牛奶饮用。

冲泡指南

取 0.09 盎司（2.5 克）的干茶，放入 7 液体盎司（200 毫升）的沸水中，冲泡 4 分钟。

| 蓝毗尼红茶汤色 | 蓝毗尼红茶干样 | 蓝毗尼红茶叶底 |

◁ 乌瓦圣詹姆斯碎橙黄白毫（Uva St. James Estate BOP）

产自乌瓦地区中部高海拔产区最东边的斜坡上，这款茶滋味强烈、收敛性强，具有独特的风味和辛辣味。该特征主要是由于 7 月底到 8 月中旬从东北吹来的热风所致。乌瓦茶风味浓烈，有着近似于药材和薄荷糖的味道。

特征

茶汤为铜红色，口感醇柔，香气浓郁。适合搭配牛奶饮用。

冲泡指南

取 0.09 盎司（2.5 克）的干茶，放入 7 液体盎司（200 毫升）的沸水中，冲泡 4 分钟。

| 詹姆斯碎橙黄白毫汤色 | 詹姆斯碎橙黄白毫干样 | 詹姆斯碎橙黄白毫叶底 |

◄ 乌瓦橙黄白毫（Uva OP）

特征

这种茶外观匀净，棕褐色的茶条中点缀着一些金色的毫尖。茶汤清亮，呈深琥珀色，让人联想起温暖的林地。滋味甜醇怡人。

冲泡指南

取 0.09 盎司（2.5 克）的干茶，放入 7 液体盎司（200 毫升）的沸水中，冲泡 3～4 分钟。

乌瓦黄白毫汤色　　　　　乌瓦黄白毫干样　　　　　乌瓦黄白毫叶底

🍃 白茶

◄ 锡兰银针（Ceylon Silver Needles）

特征

这种茶由密披白毫的芽尖制成，冲泡后，花香轻盈，回甘久远。

冲泡指南

取 0.09 盎司（2.5 克）的干茶，放入 7 液体盎司（200 毫升）、180 ℉（82℃）的热水中，冲泡 4～7 分钟。茶汤滤出后，可加水续泡 3 次。

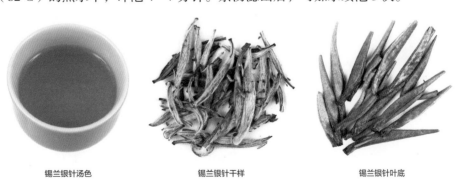

锡兰银针汤色　　　　　锡兰银针干样　　　　　锡兰银针叶底

泰国的茶叶 Thai Tea

1949 年，当中华人民共和国成立时，一批国民党军残部逃往缅甸。20 世纪 60 年代，缅甸爆发内战，这批来自中国的移民迁到了泰国北部的清莱省，他们在那儿建立了自己的家园，并为当地带来了制茶技术。其后，泰国从中国台湾地区引种无性系茶树进行栽培，采摘的茶鲜叶也以台湾地区的风格加工成乌龙茶和绿茶。20 世纪 70 年代，茶树栽植取代了当地的鸦片种植。20 世纪 80 年代，台湾省茶叶研究中心的茶叶专家应邀为泰国的茶产业发展提供咨询和帮助。

泰国最好的茶园位于海拔 3280 ~ 4590 英尺（1000 ~ 1400 米）的清迈省和清莱省，那里白天温暖，夜晚凉爽，潮湿多雾，这种气候为茶树的生长创

9 月下旬的崔芳（Choui Fong）茶园，泰国妇女正在采摘茶叶

造了适宜的自然条件。泰国每年的茶叶总产量约为 8800 万磅（4000 万千克），所生产的乌龙茶、人参乌龙、绿茶、茉莉花茶和红茶主要供应国内消费。

🍂 红茶

◁ 泰国红茶

特征

泰国红茶叶大粗松，色泽栗褐，不分级别。冲泡后，滋味浓郁，入口充满一种泥炭的风味，有趣的是细品之后，深层次带有一丝普洱茶和巧克力的风味。

冲泡指南

取 0.09 盎司（2.5 克）的干茶，放入 7 液体盎司（200 毫升）、212 ℉（100℃）的沸水中，冲泡 3 ~ 4 分钟。

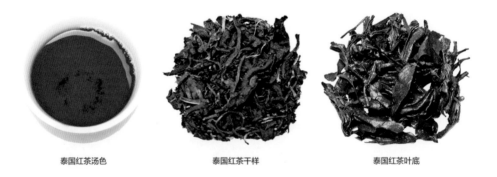

泰国红茶汤色　　　　　　　泰国红茶干样　　　　　　　泰国红茶叶底

🍃 绿茶

◁ 泰国绿茶

特征

松条露梗，色泽花杂，介于墨绿至暗青之间。汤色黄绿，有菠菜般的青气，略带粗气，滋味较涩。

冲泡指南

取 0.09 ~ 0.10 盎司（2.5 ~ 3 克）的干茶，放入 7 液体盎司（200 毫升）、167 ℉（75℃）的热水中，冲泡 2 ~ 3 分钟。

泰国绿茶汤色

泰国绿茶干样

泰国绿茶叶底

乌龙茶

◁ 青心乌龙茶（Chin Shin Oolong）

特征

这款轻度氧化的球形乌龙茶有着令人难忘的淡淡青草香。汤色蜜绿，滋味清醇甘甜，口感适中，回味悠长。

冲泡指南

取 0.09～0.10 盎司（2.5～3 克）的干茶，放入 7 液体盎司（200 毫升）、167 ℉（75℃）的热水中，冲泡 1 分钟。茶汤滤出后，可加水续泡 3～4 次。

青心乌龙茶汤色

青心乌龙茶干样

青心乌龙茶叶底

英国的茶叶 British Tea

　　在过去 10 年里，英国的茶树一直生长在英格兰西南端康沃尔郡温暖宜人的泰格斯南（Tregothnan）庄园中。从 1335 年起，这个大型庄园就属于博斯卡温（Boscawen）家族，这个家族对珍稀植物的浓厚兴趣代代相传。山茶花（Camellia japonica）作为观赏性植物在这里已经有 200 年的种植历史，1996 年，泰格斯南庄园试种了第一批茶树（Camellia sinensis）。泰格斯南公司的运营总监乔纳森·琼斯（Jonathan Jones）一直认为，尽管总的来说，英国的气候对茶树生长过于严酷，但康沃尔的小气候很适合这种植物生长。正如一句古老的英谚所说："康沃尔没有冬天，只有慵懒的春天！"由于这里的气温总是比英格兰其他地方稍高一些，气候条件有点类似大吉岭的高海拔茶区。1999 年，庄园内 20 英亩（8.1 公顷）背风的谷地被清理干净，开始试种从世界各地不同茶区进口而来的第一批茶树幼苗。此后，庄园里又一块土地被清理，改种茶树，茶树的总面积增加到 30 英亩（12.1公顷）。如今在每年 3—11 月的生长季节里，泰格斯南庄园大约有 30 种无性系茶树能够获得稳定的收成，不仅用于制作传统的伯爵茶，还能生产绿茶和红茶。

　　在苏格兰地区，苏西沃克门罗（Susie Walker-Munro）公司在安格斯的斯特拉斯莫尔山谷（Strathmore Valley）的基尼特斯农场（Kinettles Farm），用玻璃温室和半圆形温室种植中国种和阿萨姆种茶树。小小茶叶公司（the Wee Tea Company）还在位于珀斯和金罗斯的达勒奥赫（Dalreoch）农场里露天种植茶树，同时也在塑料大棚里栽培茶树。

小小茶庄（Wee Tea Farm）的茶树栽培方法与众不同，他们用一种可生物降解的聚合物覆盖着土壤，以保持水分和营养，并反射树叶下的阳光。为了在每株茶树茎的顶端形成更多的嫩芽，茎干上80%的叶片被摘除，然后被置放在一个个狭窄的反光管中，以促其萌芽。采摘后的茶叶经过手工加工，将被制成红茶、白茶、绿茶和乌龙茶。

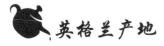
英格兰产地

◁ 泰格斯南（Tregothnan）头摘红茶

特征

这款红茶的生产数量有限，干茶外形细嫩，多金毫。汤色红艳，类似大吉岭红茶。滋味爽口，香气新锐，有花果香。是下午茶的完美选择。

冲泡指南

取0.09盎司（2.5克）的干茶，放入7液体盎司（200毫升）的沸水中，冲泡2~3分钟。

泰格斯南头摘红茶汤色

英格兰康沃尔郡的泰格斯南茶园正在进行萎凋的茶叶

泰格斯南头摘红茶干样

苏格兰产地

‹ 小小（Wee）绿茶

特征

属小批量加工的炒青绿茶，干茶外形紧秀匀直，有梗。冲泡后，口感如丝般柔滑，汤色明亮，带有果蔬的风味。

小小绿茶干样

冲泡指南

取 0.09~0.10 盎司（2.5~3 克）的干茶，放入 7 液体盎司（200 毫升）、170 ℉（76 ℃）的热水中，冲泡 2~3 分钟。茶汤滤出后，可加水续泡 1~2 次。

‹ 小小（Wee）白茶

特征

干茶色泽翠绿，外形松散，芽尖肥壮，密披白毫。汤色明亮有活力，滋味甘爽，带有蜜桃香和栗香。

小小白茶干样

苏茜·沃克·门罗在苏格兰安格斯的 Kinettles 有机茶园种植的茶叶

211

冲泡指南

取 0.09~0.10 盎司（2.5~3 克）的干茶，放入 7 液体盎司（200 毫升）、185 ℉（85℃）的热水中，冲泡 2~3 分钟。茶汤滤出后，可加水续泡 1~2 次。

在整个 19 世纪，美国政府先后出台了好几项茶树种植业计划。1857 年，美国专利局指使东印度公司（East India Company）著名的茶叶间谍罗伯特·福琼（Robert Fortune）铤而走险从中国走私茶树。福琼的确弄到了茶树植株和种子，这些偷运来的植株和茶籽先是在华盛顿特区的一个苗圃里进行培育，然后被送到南卡罗来纳州和乔治亚州试验种植。然而，这个培育试验被内战突然中断，这些珍贵的茶树或遭遗弃或死去。

大约 100 年后，立顿茶叶公司在美国建立了一个茶叶研发园，1963 年，该公司将南卡罗来纳州萨默维尔的一个废弃茶园里的茶树和扦插枝条，移栽到查尔斯顿南部的瓦德马洛岛。那里的农场最终成为查尔斯顿茶叶种植园，并于 2003 年被毕格罗茶叶公司（Biglow Tea Company）所收购。查尔斯顿茶叶种植园占地面积 127 英亩（51.4 公顷），一行行茶树的采摘面被修剪得长而平整，茶鲜叶由机械采收，经过加工后，进行包装，并贴上"美国经典茶"（American Classic Tea）的标签。这个茶园是美国最大的商业茶园，面向公众开放。

1993 年，约翰·克罗斯（John Cross）在他位于夏威夷哈卡劳（Hakalau）的农场里种植了两株阿萨姆杂交品种茶树；1995 年，迈克·赖利（Mike

212

查尔斯顿茶叶种植园待采摘的茶树

Riley）在基拉韦厄火山向风的一侧种植了半英亩（0.1公顷）的茶树。1997年，美国农业部太平洋盆地农业研究中心（USDA PBARC）的弗朗西斯·齐（Francis Zee）博士从中国台湾和日本引进了茶树种苗，并在夏威夷群岛上的不同地点进行了试种。2001年，伊娃·李（Eva Lee）和邱梁（Chiu Leong）在他们的林木种植园里种上了茶树，从此推动了夏威夷茶业的发展。他们向其他人教授栽植茶树的技术，并成立了夏威夷茶叶协会。到2002年，米歇尔·罗斯建立了云水农场（Cloudwater Farm）并栽植茶树，而伊利亚·哈尔佩尼（Eliah Halpeny）则在自家的格莱恩伍德（Glenwood）庄园里进行茶树栽培。2003年，罗伯·那拉里（Rob Nunally）和迈克·朗格（Mike Longo）开始在诺玛亚茶园（Onomea Tea Garden）种植有机茶。

火山酒庄（Volcano Winery）发展了自己的茶园，现在开始生产茶风味葡萄酒。当本·迪克（Ben Discoe）在阿华洛亚（Ahualoa）茶园种下第一批500株茶树，金伯利（Kimberley）和高次郎伊野（Takahiro Ino）建立了莫纳克亚（Mauna Kea）茶园后，夏威夷茶产业得到进一步发展。

而在美国本土，立顿茶于20世纪70年代末在亚拉巴马州开始新建一座实验茶园，但1979年的一场飓风摧毁了那批茶树。之后，唐尼·巴雷特（Donnie Barrett）一直精心呵护从被毁茶园里抢救出来的茶树，如今在墨西哥

南卡罗来纳州查尔斯顿茶叶种植园的采茶机

湾的内陆地区已经生长了4万多株茶树。同样是在亚拉巴马州，鲍勃·西姆斯在安达卢西亚种植了数千株茶树幼苗。

旧金山茶艺大师罗伊·方（Roy Fong）在加州湾区（California Bay area）种植了23英亩（9.3公顷）茶树，他还计划在自己的皇家茶庄园里建一座中式茶楼和茶校。

如今，全美各地都在兴建大大小小的茶园，为协调和支持这些新兴茶农 / 企业家的工作，美国茶农联盟应运而生。

🍃 红茶

◁ 查尔斯顿早餐茶（Charleston Tea Plantation Breakfast Black）

特征

碎叶红茶，茶汤为深橙红色。有麦芽和干草的芳香。口感略涩，带有柑橘和松木的回味。

冲泡指南

取0.09盎司（2.5克）的干茶，放入7液体盎司（200毫升）的沸水中，冲泡3分钟。

查尔斯顿早餐茶汤色

查尔斯顿早餐茶干样

查尔斯顿早餐茶叶底

⊿ 毛凯伊红茶（Makai Black）

特征

毛凯伊红茶是一种手工制作的红茶，产地在夏威夷哈卡劳（Hakalau）靠近太平洋的约翰·克罗斯（John Cross）茶园。茶叶原料有中国种，也有阿萨姆种，茶汤为琥珀色，有光泽，滋味爽滑细腻，带有淡淡的焦糖香、麦芽甜和巧克力的香味，还有一丝烤土豆的风味。

毛凯伊红茶干样

毛凯伊红茶叶底

夏威夷岛上生机盎然的约翰·克罗斯（John Cross）茶园

冲泡指南

取 0.10 盎司（3 克）的干茶，放入 7 液体盎司（200 毫升）、208 ℉（97℃）的热水中，冲泡 3 分钟。可加水续泡 3 次，每次冲泡时间延长 1 分钟。

🍃 绿茶

◁ 瓦德马劳岛绿茶（Island Green）

特征

产自查尔斯顿茶叶种植园（该茶园位于南卡罗来纳州瓦德马劳岛上），这种碎橙黄白毫碎叶绿茶汤色绿黄明亮，略带果蔬风味，可热饮，也可制作冰镇绿茶。

冲泡指南

取 0.09 ~ 0.10 盎司（2.5 ~ 3 克）的干茶，放入 7 液体盎司（200 毫升）、167 ℉（75℃）的热水中，冲泡 2 ~ 3 分钟。

瓦德马劳岛绿茶汤色　　　　　瓦德马劳岛绿茶干样　　　　　瓦德马劳岛绿茶叶底

🍃 白茶

◁ 夏威夷森林白茶（Hawaii Forest White）

特征

此茶为伊娃·李制作的一款手工茶，干茶外形大而卷曲，芽叶连枝，白色芽毫显露。汤色清亮，香气以干草和蜂蜜香为特色，滋味柔滑绵长，略带坚果的味道。

冲泡指南

尽管是一种白茶，其风味要用沸水冲泡才能彻底释放出来。取 0.09 盎司（2.5 克）的干茶，放入 7 液体盎司（200 毫升）的沸水中，冲泡 3~4 分钟，可冲出多种口味。

夏威夷森林白茶汤色

夏威夷森林白茶干样

伊娃·李（Eva Lee）在位于基拉韦厄（Kilauea）火山斜坡上的自家茶园里萎凋茶鲜叶

217

越南的茶叶 *Vietnamese Tea*

    茶树种植在越南已有 3000 多年的历史。和中国一样，今天在越南也可以发现超过 10 英尺（3 米）高的古老茶树。越南人的饮茶文化和中国人一样丰富多彩、引人入胜，至今饮茶在越南仍然是家庭、社会和商业生活的重要组成部分。

    19 世纪 20 年代，当法国人在越南建立了第一个大型茶叶种植园，越南茶叶的商业化生产就此开始。在过去几十年里，越南的茶树种植面积从 1975 年的约 1.33 万英亩（5400 公顷），已迅速扩大到今天的约 28.66 万英亩（11.6 万公顷）。越南战争后，在外国资本的帮助下，茶叶种植园得以恢复，加工厂也被翻新重建。茶叶年产量从 1995 年的 8820 万磅（4000 万千克），迅速增加到今天的 3.924 亿磅（1.78 亿千克）。

    越南有 30 个省份种植茶叶，主要的种植区分布在该国的中部和北部，如宣光省（Tuyen Quang）、安沛省（Yen Bai）、富寿省（Phu Tho）、山罗省（Son La）、河江省（Ha Giang）和太原省（Thai Nguyen）。该行业分解为越来越多的私营企业和合资企业，而国有种植园和工厂则越来越少。生产商一直在稳步推进工厂现代化、提高产能，以满足日益增长的国内和国际需求。

    在越南，茶季从每年的 4 月开始。采摘下来的鲜叶被制成传统红茶和 CTC 红碎茶、蒸青和炒青绿茶、茉莉花茶、乌龙茶和黑茶。大多数绿茶供应国内市场，而红茶大多出口。越南茶品中首屈一指的当属莲花茶（lotus-flavored tea），它的传统制作方法是将少量茶叶隔夜封存在莲花的花瓣中，好让茶叶吸附莲花中柔和、清甜的香味。

采茶工正在越南
的一个茶园里采
摘茶叶

🍃 绿茶

◀ 古法莲花茶（Ancient Lotus）

莲花是吉祥、永恒、美丽和纯洁的象征。莲花茶最初是为阮王朝国王嗣德帝（越南语 Vua Tu Duc，即阮翼宗）创制的，自那以后，越南一直沿用莲花窨制高级绿茶。今天，仍旧沿袭这一传统制法，即将少量绿茶包裹在莲花的花瓣里窨制古法莲花茶。为制作这种绿茶，要摘下初绽的莲花，小心翼翼地将花瓣剥开，这样就形成了一个小开口，通过该开口仅放进约 0.07 盎司（2 克）的新茶。然后，将花瓣收拢，用丝线轻轻地捆上，24 小时后再重新打开，取出茶叶。要制作 2.2 磅（1 千克）的这种茶叶，需要 500 多朵莲花。

特征

莲花茶色泽翠绿，条索细长卷曲。汤色淡黄，风味清爽，散发着莲花的令人陶醉的清甜香草气息。

冲泡指南

取 0.09 ~ 0.10 盎司（2.5 ~ 3 克）的干茶，放入 7 液体盎司（200 毫升）、167 ~ 176 ℉（75 ~ 80℃）的热水中，冲泡 3 分钟。茶汤滤出后，可加水续泡 2 次。

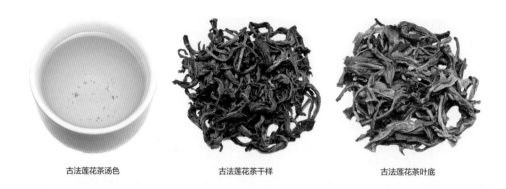

| 古法莲花茶汤色 | 古法莲花茶干样 | 古法莲花茶叶底 |

◣ 莲花茶（Lotus Blossom）

随着更有效的花茶窨制方法被开发出来，将绿茶放入莲花花苞内窨制的古老方法正在逐渐消失。现代窨制莲花茶的方法，是将花托上的雄蕊与绿茶分层放置，使香气逐渐被吸收。

这款绿茶外形匀整弯曲，色泽墨绿。汤色金黄，清净透明，带有淡淡的茴香味道，回味略苦。

冲泡指南

取 0.09 ~ 0.10 盎司（2.5 ~ 3 克）的干茶，放入 7 液体盎司（200 毫升）、149 ~ 167 ℉（65 ~ 75℃）的热水中，冲泡 2 ~ 3 分钟。茶汤滤出后，可加水续泡 1 ~ 2 次。

| 莲花茶汤色 | 莲花茶干样 | 莲花茶叶底 |

◣ 太原绿茶（Thai Nguyen Green Tea）

特征

这种传统绿茶产自太原省（Thai Nguyen）的山地茶园，制作工艺精良，需经过炒青、揉捻、烘焙干燥等工序加工而成。干茶色泽翠绿，条索紧秀卷曲。汤色绿黄，清香柔滑，略带茴香和麦香，回味略带苦涩。

冲泡指南

取 0.09～0.10 盎司（2.5～3 克）的干茶，放入 7 液体盎司（200 毫升）、167 ℉（75℃）的热水中，冲泡 3 分钟。茶汤滤出后，可加水续泡 1 次。

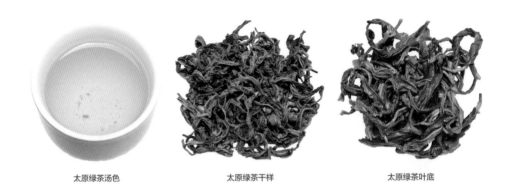

太原绿茶汤色　　　　　　　太原绿茶干样　　　　　　　太原绿茶叶底

🍃 红茶

◁ 越南五行山红茶（Vietnamese Marble Mountain）

这款茶是以越南岘港（Da Nang）南部著名的五行山（Marble Mountain）命名的。关于五行山，有一个古老的越南传说。据传数千年前，一条巨龙浮出海面，在农诺海滩（Non Nuoc Beach）产下了一颗巨卵。经过一千个昼夜，巨卵孵化，一位美丽的姑娘破壳而出。蛋壳的碎片则化作五座大理石山，后被阮氏（Nguyen）王朝的一位国王以五行（金、木、水、火、土）命名。

特征

这款越南高山红茶，金毫特多，汤色红艳，甘甜爽滑微辛，有类似中国

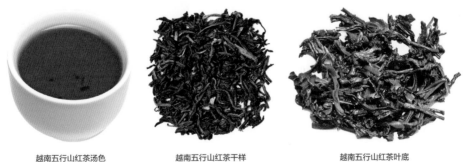

越南五行山红茶汤色　　　　　越南五行山红茶干样　　　　　越南五行山红茶叶底

红茶的木质和泥炭的香味。

冲泡指南

取 0.09 ~ 0.10 盎司（2.5 ~ 3 克）的干茶，放入 7 液体盎司（200 毫升）的沸水中，冲泡 3 ~ 4 分钟。

其他 Other Tea Producing Countries and Regions
茶叶生产国和地区

阿根廷

阿根廷的茶叶生产始于 20 世纪 50 年代，茶叶产地主要集中在东北部的米西奥内斯（Misiones）省。目前，该国每年出口茶叶约 5000 万千克。由于劳动力成本高，阿根廷的茶叶采摘都是由类似大型拖拉机一样的采茶机，在一排排的茶树间缓缓进行的。阿根廷生产的茶叶，冲泡后汤色较深，有一种较明显的泥土味道，醇度适中。阿根廷茶叶占美国每年茶叶进口总量的 40% 以上，主要用于制作拼配冰茶。

阿根廷的茶园里一排排的茶树采摘面平整，茶叶采摘由高轮采茶机完成

 阿塞拜疆

　　阿塞拜疆的茶叶产地主要集中在兰卡兰－阿斯塔拉（Lankaran-Astara）和扎加塔拉（Zagatala）地区。1990—2005年，阿塞拜疆的茶叶种植面积从1.3万公顷减少到了大约7000公顷。尽管如此，2002年、2005年和2006年，兰卡兰的"天然茶"（Lankaran "Natural Tea"）均在马德里荣获了欧洲质量金奖，而兰卡兰"法曼茶"（Lankaran "Farman Tea"）于2006年在莫斯科获得了质量金奖。2006年，阿塞拜疆政府与德国政府合作，设立了一个项目，旨在通过改善质量控制、升级工厂设备、提高技术技能、组织研讨会和培训课程，振兴本国的茶叶行业。

亚速尔群岛

　　普遍认为，茶叶是在1750年被引入亚速尔群岛的，尽管并没有现存的证据证明这一点。19世纪20年代，卡尔赫塔斯（Calhetas）、圣安东尼奥（Santo Antonio）和卡莱帕斯（Calepas）地区用来自巴西的茶树种子进行了试种。这是茶叶在亚速尔群岛最早的商业生产试验。茶产业在亚速尔群岛的发展非常缓慢，直到20世纪60年代，300公顷茶叶种植园的茶叶生产量才提升到30万千克。1984年，政府从莫桑比克聘请了一位专家到圣米格尔岛，负责监管建立新的茶叶种植园、引进茶树新品种、新的茶树栽培技术和茶叶加工工艺。自那以后，大约有60家茶叶生产厂家倒闭。如今，这个行业已经严重缩水，只有两家茶叶加工厂还在运营中，分别是成立于1883年的戈里亚纳（Gorreana）和2001年重新开业的波尔图福摩沙（Porto Formosa）。产品包括红茶和一种蒸青熙春绿茶。这里所生产的茶叶大部分供本地消费，主要消费者是当地居民和外来游客，仅有一小部分供出口，销往美国、加拿大、德国和奥地利。

巴西

21世纪20年代，来自咖啡的竞争和茶叶生产成本的增加对巴西的茶叶生产造成了极大的冲击。除一家茶叶生产商外，其余的茶叶生产厂家均倒闭或转向了其他作物生产。巴西仅存的一家公司是山本山（Yamamotayama）。这是一家日本公司，自1970年以来一直在圣保罗州种植茶叶。该公司在巴西拥有两处茶叶生产基地，一处在圣保罗，一处在巴拉那。茶园种植面积为200公顷，分布在海拔700米的区域，生产的茶叶通过机械化采摘后，制成日式绿茶。

布隆迪

茶叶在布隆迪的商业化种植始于20世纪70年代初。起初，茶叶产量稳步增长，但与其他非洲国家一样，持续的政治动荡对布隆迪的茶产业造成了不利影响。目前，茶叶是该国第二大出口产品，占出口总额的4%~5%。随着茶叶产量的增加，政府也在努力提高茶叶质量。虽然私有化已经提上日程，但该行业仍处于国家的完全控制之下。布隆迪办公室垄断着5家国有茶叶加工厂的茶叶生产。

柬埔寨

距离首都金边两小时车程的基里隆国家公园（Kirirom National Park），曾是柬埔寨国王的避暑胜地。公园中央的湖边有一个小茶园供游客参观。1995年，在基里隆国家公园落成典礼上，国王诺罗敦·西哈努克（Norodom Sihanouk）曾提到这里过去有一个茶园。1996年，柬埔寨的一位企业家就买下了这里方圆约1500公顷的土地，计划在原址上建成一个新茶园。但一年后，大部分土地被转售，茶园被毁。所剩不多的茶树被当地人小规模地采摘制茶，供自己消费。

喀麦隆

1914 年，德国人首次将茶树带到了喀麦隆，并把它们种植在西南部托勒（Tole）喀麦隆山（Mount Cameroon）肥沃的山坡上。如今，西北的恩都（Ndu）和西部的朱蒂察（Djuttitsa）也有茶园分布。这 3 处茶园都隶属于喀麦隆茶庄（Cameroon Tea Estate，CTE），每年生产 500 万 ~ 700 万千克的红茶。2014 年 12 月，喀麦隆茶庄宣布到 2017 年计划将茶叶产量翻 4 倍。此外，2002 年，恩达瓦拉茶庄（Ndawara Tea Estate）在喀麦隆西北部建成，目前生产 CTC 红茶。2006 年，利科茶庄（Liko Tea）开始在西南部种植茶叶，生产有机绿茶。

加拿大

目前，加拿大人维克多·维斯利（Victor Vesely）和玛吉特·内勒曼（Margit Nellemann）在他们位于不列颠哥伦比亚省（British Columbia）瓦努维尔岛（Vanouver Island）上的北考伊坎（North Cowichan）的 4.5 公顷有机茶园里种植茶树。尽管这里的冬天大雪纷飞，但茶树在这块土地上存活了下来，并于 2015 年进行了第一次采摘。

智利

奥托·格里瑟（Otto Greither）旗下的德国药草公司萨卢斯豪斯（Salus Haus），在智利维拉里卡镇（Villarrica）附近的一个 600 公顷的混合农场种植茶树。格里瑟的公司曾把药草基地放在乌克兰。在切尔诺贝利（Chenobyl）核泄漏事件之后，又将基地迁到了智利。萨卢斯豪斯公司在智利种植的茶树被用以加工日式绿茶。

哥伦比亚

哥伦比亚仅有的一个茶园建成于 20 世纪 60 年代，位于考卡山谷省（Valle del Cauca）的安第斯山麓，茶园占地 50 公顷，隶属于阿格里科拉喜马拉雅公司（Agrícola Himalaya）。该茶园通过了国际互世 - 茶认证，生产绿茶和红茶，并以"印度茶"（Te Hindu）为品牌进行销售。

刚果

刚果的红茶产地在东北部高原地区，年产量约为 300 万千克。虽然政府已经尝试采取措施提高产量，但茶叶的年产量依然很低。事实上，自 1978 年以来一直呈下降趋势。2014 年 3 月，印度 MK 沙阿（MK Shah）茶叶出口有限公司通过其非洲子公司大湖庄园（Great Lakes plantation）收购了刚果的姆巴约（M'bayo）和马达加（Madaga）两个茶园。这两个茶园靠近卢旺达边界，海拔高度在 1829～1889 米，占地面积 1500 公顷。

厄瓜多尔

占地 946 公顷的特桑盖茶园（Te Sangay），坐落于安第斯山脉和亚马孙丛林之间，海拔约为 915 米，茶叶的年产量为 100 多万千克。该茶园为厄瓜多尔德尔特 C.A. 公司所有。该公司过去隶属于英奇卡佩集团，但现在由费尔南多·卡斯蒂略（Fernando Castillo）拥有和管理。这家工厂同时生产 CTC 红茶和传统红茶。

埃塞俄比亚

埃塞俄比亚种植茶树的时间较短，首次试种是在 20 世纪 30 年代。自

1978 年以来，沃什沃什（Wush Wush）和古梅罗（Gumero）两家国有种植园种植茶树共 2200 公顷。1995 年，东非农商业综合有限公司（East African Agri-Business）在该国西南部的切瓦卡（Chewaka）建立了一个 600 公顷的私家庄园。2000 年，埃西奥农业 CEFT 有限公司（Ethio AgriCEFT Plc）收购了两家国有茶叶种植园和附属加工厂，并计划在埃塞俄比亚西部的伊卢巴博尔（Illubabor）建设一座新茶园。

 法国

在法国南特（Nantes）的大布洛特洛公园（Parc du Grand-Blotterea）里有一小块茶园。2002 年，布列塔尼 / 卢瓦尔河谷俱乐部和市议会联合在这里种植来自韩国的茶树品种，2011 年，首次进行采摘。如今每到春天，茗茶俱乐部都会在南特聚会，将新鲜的茶芽采摘下来，加工成日式绿茶。

危地马拉

危地马拉哈扎德家族在阿蒂特兰火山山坡上海拔 762 ~ 1829 米处的洛斯安第斯庄园（Los Andes estate）种植茶树。庄园面积为 23 公顷，还种植了橡胶、有机咖啡、奎宁和夏威夷坚果，有 35 户家庭在这里生活和工作。在科本（Cobán），350 户家庭共同经营着特奇雷佩克合作社茶园（Te Chirrepec Cooperative tea garden）。它位于海拔 1310 米高的地方，生产有机红茶。

伊朗

20 世纪以来，伊朗北部的吉兰省（Gilan）和马赞达兰省（Mazandaran）一直生产茶叶。到 21 世纪初，那里有 4.2 万户茶农向 107 家工厂供应茶叶。自 2005 年以来，该行业一直在下滑，目前仍在运营的茶叶生产厂家不足 100 家。伊朗的红茶冲泡后，汤色略红、味道清爽柔滑，年产量约为 1500 万千克。

意大利

数百年来，圣安德烈亚·迪·康皮托（Sant'Andrea di Compito）的卡托利卡（Cattolica）家族一直在种植茶树。20世纪80年代，植物学家吉多·卡托利卡（Guido Cattolica）开始与托斯卡纳（Tuscany）的卢卡植物园（Lucca Botanical Garden）合作，在卡托利卡家族的一座新建实验茶园种植茶树。茶园的首次采摘是在1990年，目前该茶园每年约生产6千克的红茶、日式绿茶和乌龙茶。

老挝

老挝主要的茶叶种植区在蓬萨利省（Phongsaly Province），那里有许多野生的古老茶树，在海拔约1450米的地方也分布着一些商业化的茶园。在南部海拔800~1200米的博拉文高原（Bolaven Plateau）也分布着一些茶园。人们首次从北部山区将茶树插条带到博拉文高原是在20世纪30年代。老挝的茶叶有黑茶、白茶、绿茶和类似普洱茶的黑茶。

马达加斯加

自1970年以来，马达加斯加一直在萨罕巴维（Sahambavy）茶园种植无性系茶树。这座茶园海拔高1675米，占地335公顷，每年生产茶叶约55万千克，主要是红茶和一些绿茶。这里的茶叶生产是季节性的，因为每年的5—9月，在旱季到来之时，茶树生长缓慢。马达加斯加红茶冲泡后汤色红亮，类似于最好的东非茶。

毛里求斯

18世纪60年代末，法国人皮埃尔·普瓦夫尔（Pierre Poivre）首次将茶叶引入毛里求斯岛。20 世纪 60 年代茶叶开始商业规模化生产以来，毛里求斯成立了毛里求斯茶厂公司（Mauritius Tea Factories Company），管理茶叶发展局（Tea Development Authority）旗下的 4 家工厂。茶园分布在南部高地约 760 公顷的土地上，由小型茶农和 11 个私人种植园主经营。茶叶都是手工采摘的，每年可制成 130 万 ~ 160 万千克的传统红茶和绿茶。

 莫桑比克

莫桑比克的茶树生长在赞比西河农业生产区。由于政治动荡，茶叶产量在过去的 30 年里有所下降。该国生产的红茶滋味浓郁，通常被用于制作拼配茶茶包。

缅甸

缅甸的茶叶种植被认为始于 14 世纪的陶鹏州（Tawnpeng State）。在有些地方至今还生长着古老的野生茶树，被当地人采摘下来制作茶叶。目前，茶树种植分布在缅甸北部的山邦（Shan State）、钦邦（Chin State）、克钦邦（Kachin State）和萨哲省（Saging Division）海拔为 1200 ~ 1800 米的区域，总面积达 7 万公顷。茶叶采摘季节为 4—11 月，采摘下来的芽叶被加工制成红茶、绿茶和"拉普特"（lahpet）——一种作为腌制沙拉食用的发酵茶。

尼日利亚

20 世纪 70 年代，尼日利亚在曼比拉高原（Mambilla Plateau）450 公顷的土地上开始了茶树商业种植项目。20 世纪 90 年代，荷兰一家管理和咨询公司为尼日利亚制茶厂实现现代化提供了技术援助，从而使得该国茶树种植面积扩大到 850 公顷，小型茶农也加入这一行业。目前，尼日利亚的茶叶生产总面积为 1200 公顷，每年生产大约 160 万千克红茶。

巴布亚新几内亚

巴布亚新几内亚的气候和土壤条件都非常适合茶树生长。自 19 世纪以来，这种植物就开始在该国的西部高地种植。目前，只有 W. R. 卡朋特（W. R. Carpenters Estates）一家庄园还在吉瓦卡省的瓦吉（Waghi）山谷的 4 个种植园种植茶树，总面积达 1800 公顷。生产的 CTC 红茶销往国外，用于制作拼配茶。

秘鲁

秘鲁的茶树生长在库斯科（Cusco）拉康普西翁（La Convencion）山谷海拔为 1800 米的区域，占地 2500 公顷。两家主要的生产商分别是普罗登佩克斯（Prodenpex）和阿尔普罗苏尔（Alprosur）。普罗登佩克斯公司成立于 20 世纪 30 年代，该公司从数千名小型茶农手中收购茶鲜叶，自 1991 年以来该公司的主打产品为绿茶。阿尔普罗苏尔公司目前从事绿茶和红茶的加工和包装工作。两家公司每年为国内市场生产大约 160 万千克的低品质末茶和大约 1.4 万千克的绿茶。

菲律宾

菲律宾政府最近拨款在该国东南海岸的三宝颜（Zamboanga）扶持一个有机茶项目，那里的热带气候条件和海拔 1200 米的地理条件非常适合茶树的生长。该项目由菲律宾农业部高价值商业作物发展计划（High Value Commercial Crops Development Program，HVCDP）和组织改革与发展替代中心（Alternative Center for Organizational Reform and Development，ACORD）协调开展。

 **俄罗斯**

俄罗斯的茶叶种植可以追溯到 1833 年，茶树种子首次在克里米亚（Crimea）的尼基塔植物园（Nikita Botanical Garden）进行了试种。第二次世界大战后，茶产业迅速发展。主要种植区域在西南部的克拉斯诺达尔（Krasnodar），但茶叶产量低，品质差。

塞舌尔

塞舌尔的茶园是由意大利 GMR 公司于 1962 年在塞舌尔群岛最大的岛屿——马埃岛（Mahé）西坡上建立的，占地 120 公顷。到 1988 年，茶园面积减少到 43 公顷，茶园的经营权被塞舌尔营销委员会（Seychelles Marketing Board，SMB）接管。目前，该茶园每年生产红茶 5 万～8 万千克，主要用于当地消费。

南非

南非的第一批茶树来自伦敦的邱园（Kew Gardens）。这批茶树于 1850 年被种植在纳塔尔（Natal）的德班植物园（Durban Botanical Gardens）。茶树在南非的商业规模化种植始于 1877 年，使用的是来自阿萨姆邦的种子，随后茶园遍及南非各地：如 1959 年在夸祖鲁—纳塔尔省（Kwa-zulu-Natal）开建的茶园，德兰士瓦（Transvaal）东部的德拉肯斯堡（Drakensberg Mountains）山上的茶园，20 世纪 60 年代建成的特兰斯凯（Transkei）茶园、勒乌布（Levubu）茶园、温达（Venda）茶园，以及 1973 年在祖鲁兰（Zululand）中部恩亨威（Ntingwe）附近建成的茶园。然而，近年来由于高昂的劳动力成本，除夸祖鲁—纳塔尔仍在运营以外，其他的种植园全部关闭。南非茶叶的采摘在每年 11 月—次年 3 月的短暂雨季进行，大多数茶叶通过改良的 CTC

图中的南非茶园主要生产 CTC 红茶

方法被加工成红茶。目前，南非以生产路易波士（Rooibos）茶（也被称为玫瑰茶或红茶）而闻名。这种茶是用生长在南非的一种豆科灌木植物南非歪豆（*Aspalathus linearis*）的叶子加工而成，而不是以茶树的芽叶为原料制成的。

 瑞士

2002 年，彼得·奥普利格（Peter Oppliger）在瑞士南部的真理山（Monte Verita）上海拔 300 米处开建了一个日式小茶园。与其说真理山茶园是一个商业企业，不如说它是个学习的场所。因为每年春天，都会有日本茶艺大师来此采茶，并现场加工大约 500 克的蒸青绿茶。

坦桑尼亚

20 世纪初，德国定居者首先在坦桑尼亚的阿马里（Amari）和龙格瓦（Rungwa）两地种植茶树。但该国茶叶的商业规模化生产始于 1926 年。如今，在 2.272 万公顷的茶叶产区中，3 万名小型茶农构成 50% 的经营者，另外 50% 由私营种植园经营。南部高地的穆芬迪区（Mufindi）、恩琼贝（Njombe）

和龙威区（Rungwe）是坦桑尼亚的 3 个主要产茶区。茶园主要分布在海拔 1200～2134 米的地方。产品以 CTC 红茶为主，年产量约为 3670 万千克。

土耳其

土耳其 65% 的茶园分布在黑海附近的里泽（Rize）地区，其余的茶树生长在特拉布宗、阿尔文、吉列松和奥尔都的茶园。在 76.6 万公顷的土地上有 20 多万户小型茶农从事茶叶生产，300 多家加工厂每年产茶约 2.39 亿千克。产品主要是中等等级的 CTC 红茶和传统红茶。土耳其红茶冲泡后汤色暗红，滋味温和甜爽。该国生产的大部分茶叶都是供本地消费。

乌干达

1909 年，茶被引入乌干达恩德培（Entebbe）的植物园，但直到 20 世纪 20 年代末，布鲁克·邦德（Brooke Bond）公司开始大规模种植茶树，该国才

乌干达维龙加山脉（Virunga Mountains）陡峭的山坡上分布着小块的茶园

开始了茶树的商业种植。20 世纪 50 年代中期，茶产业发展迅猛，到 20 世纪 70 年代初，茶叶已成为该国最重要的出口产品。20 世纪 70—80 年代的政治动荡导致茶叶产量大幅下降，但自 1989 年以来，茶园和加工厂的恢复重建大大增加了茶叶产量。乌干达生产的都是红茶，大部分供出口，用于制作拼配茶茶包。

 赞比亚

赞比亚从 20 世纪 60 年代开始种植茶树，当时由政府扶持的卡万布瓦茶叶项目（Kawambwa Tea Scheme）在东北部的卢阿普拉（Luapula）省建成了一座 22.26 公顷的茶园。1974 年，该茶园更名为卡万布瓦茶业公司（Kawambwa Tea Company，KTC）。随后，公司被私有化，连续数年的产权更迭，导致财务问题接踵而来。从 2014 年开始，该公司的茶叶加工厂重新开始运营，目前生产 CTC 红茶。

津巴布韦

津巴布韦的茶叶种植始于 20 世纪 60 年代，目前有两个主要的茶叶产区：奇平格（Chipinge）农业区和洪德河谷（Honde Valley）产区，这两个产地都位于该国的东部边境。穆加贝总统在任期间，津巴布韦的茶产业遭受重创。但在 21 世纪 20 年代，该国的茶叶采摘量、产量和质量均获得了新发展。占主导地位的有 4 家茶叶生产商：坦甘达茶叶公司（Tanganda Tea Company）、南下控股有限责任公司（Southdown Holdings Limited Liability Company）、奇平格的布子茶叶公司（Buzi Tea Company）和洪德河谷的东部高地种植园（Eastern Highlands Plantation，EHP）有限公司。这几家公司旗下的加工厂每年共生产 CTC 红茶 1600 万千克，茶鲜叶原料来自该国成千上万户小型茶农。

后　记

　　本译著由安徽农业大学张群、沈周高、蒋文倩翻译并负责统稿，罗垚负责校对和编辑整理。

　　本译著在中国科学技术出版社的精心组织、协调，符晓静、张敬一、王晓平等编辑和专家团队通力合作、共同努力，以及安徽农业大学茶与食品科技学院李大祥教授的审校指导下，才得以顺利完成，在此一并对他们表示衷心感谢。同时，还要衷心感谢本书的原文主编简·佩蒂格鲁、布鲁斯·里查德森。他们为译著的出版提供了高质量的原著。最后，特别感谢中国科学技术出版社为此次译著出版所作的精心组织、协调和安排。

　　由于译者水平有限，疏漏之处在所难免，恳请广大读者批评、指正。

以下图片由 123RF 网站提供：109，
110，167，175，185，189，193，206，219。